高等职业教育城市设计数字化系列教材

AutoCAD室内设计基础教程

吴振志　陈静静 ▎主编

中国轻工业出版社

图书在版编目（CIP）数据

AutoCAD 室内设计基础教程 / 吴振志，陈静静主编.
北京：中国轻工业出版社，2025. 5. --ISBN 978-7
-5184-5333-7

Ⅰ. TU238. 2-39

中国国家版本馆 CIP 数据核字第 2024XR3538 号

责任编辑：赵雅慧
策划编辑：陈　萍　　责任终审：劳国强　　封面设计：董　雪
版式设计：致诚图文　　责任校对：刘小透　晋　洁　　责任监印：张　可

出版发行：中国轻工业出版社（北京鲁谷东街 5 号，邮编：100040）
印　　刷：天津裕同印刷有限公司
经　　销：各地新华书店
版　　次：2025 年 5 月第 1 版第 1 次印刷
开　　本：889×1194　1/16　印张：11
字　　数：260 千字
书　　号：ISBN 978-7-5184-5333-7　定价：49. 00 元
邮购电话：010-85119873
发行电话：010-85119832　010-85119912
网　　址：http://www. chlip. com. cn
Email：club@ chlip. com. cn

241763J2X101ZBW

前　言

AutoCAD 是由 Autodesk 公司推出的一款计算机辅助设计绘图软件。自 1982 年推出以来，经过多年的发展，其功能不断完善，逐渐赢得了各行各业的青睐，现已广泛应用于建筑、室内装潢、园林、机械、电子、航天等领域。

本教材以 AutoCAD 中文版为平台，包含软件基本操作命令介绍和室内空间平面图绘制设计两部分，是主要针对初学者的一本基础学习教程。

本教材采用简练的语言，旨在帮助读者轻松掌握 AutoCAD 的基本操作和绘图技巧。全书设置了三个项目，共十四个任务。项目一主要介绍 AutoCAD 软件概述与操作，包括 AutoCAD 的工作界面、设置绘图环境、绘制基本二维图形、编辑二维图形、尺寸标注和文字标注，使读者通过学习，初步掌握基本的绘图技能。项目二和项目三则通过实际案例深化学习，分别以家装卧室和工装接待室的平面图绘制为例，先分析绘图思路，然后进行绘图操作，使读者初步了解并掌握 AutoCAD 绘图的方法。其中，项目二通过一个小面积的家装卧室进行讲解，介绍了卧室原始平面图、平面布置图、地面铺装图以及顶面天花图的绘制方法，使读者在操作中逐步掌握 AutoCAD 绘图技巧；项目三则升级至一个面积稍大的工装贵宾接待室，进行了图纸图框、原始平面图、平面布置图、地面铺装图以及顶面天花图的绘制，进一步巩固、提升读者的 AutoCAD 绘图能力。

本教材将实际案例贯穿始终，操作步骤清晰直观，内容通俗易懂，具有较强的针对性和逻辑性。内容讲解从设计师或绘图者的实际需求出发，摒弃冗长繁复的部分，聚焦简单实用的技能，能够有效提升学习效率。同时，教材中融入了笔者在长期绘图实践中总结的操作技巧，不仅能够帮助读者提高绘图效率，还能为绘图过程增添乐趣。

本教材由上海工艺美术职业学院吴振志、陈静静担任主编，负责教材编写的整体规划，确定教材的框架结构、内容体系和编写体例等。

本教材的编写参考了同类教材及相关资料，在此表示衷心的谢意。由于编者水平有限，书中疏漏之处在所难免，敬请广大读者批评指正。

吴振志

2024 年 11 月

目 录

项目一

AutoCAD软件概述与操作

目标任务及活动设计

教学目标

最终目标：

熟悉 AutoCAD 软件的基础情况，掌握其在室内施工图绘制中的应用。

促成目标：

1. 熟悉 AutoCAD 软件的发展情况和应用范围。
2. 熟悉 AutoCAD 软件具体的界面组成和操作方法。
3. 掌握命令栏的输入方法。
4. 掌握绘图环境的详细设置，包括绘图区域、尺寸、捕捉等。

工作任务

1. 熟悉 AutoCAD 软件的界面组成，了解软件辅助绘图的强大功能。
2. 掌握命令的输入方法。
3. 熟练设置绘图环境，包括绘图区域、捕捉等。

主要实践知识

1. AutoCAD 软件的界面操作。
2. 命令的输入方法。
3. 绘图环境的设置，包括绘图区域、捕捉、屏幕显示等。

主要理论知识

1. AutoCAD 软件操作的技巧方法与步骤。
2. 命令输入的重要性和步骤。

任务一　AutoCAD 的工作界面

本教材以 AutoCAD 2018 为例，讲解如何利用 AutoCAD 软件进行室内设计。AutoCAD 2018 软件为用户提供了“草图与注释”“三维基础”和“三维建模”三种工作空间模式。常用的作图空间为“草图与注释”，此界面包括快速访问工具栏、下拉菜单栏、选项卡及面板栏、绘图区、命令行、状态栏等部分，如图 1-1 所示。

1. 快速访问工具栏

快速访问工具栏位于 AutoCAD 工作界面最顶端，用于显示常用工具，包括“新建”“打开”“保存”“另存为”“打印”“放弃”“重做”等按钮。用户可以向快速访问工具栏添加无限多的工具，

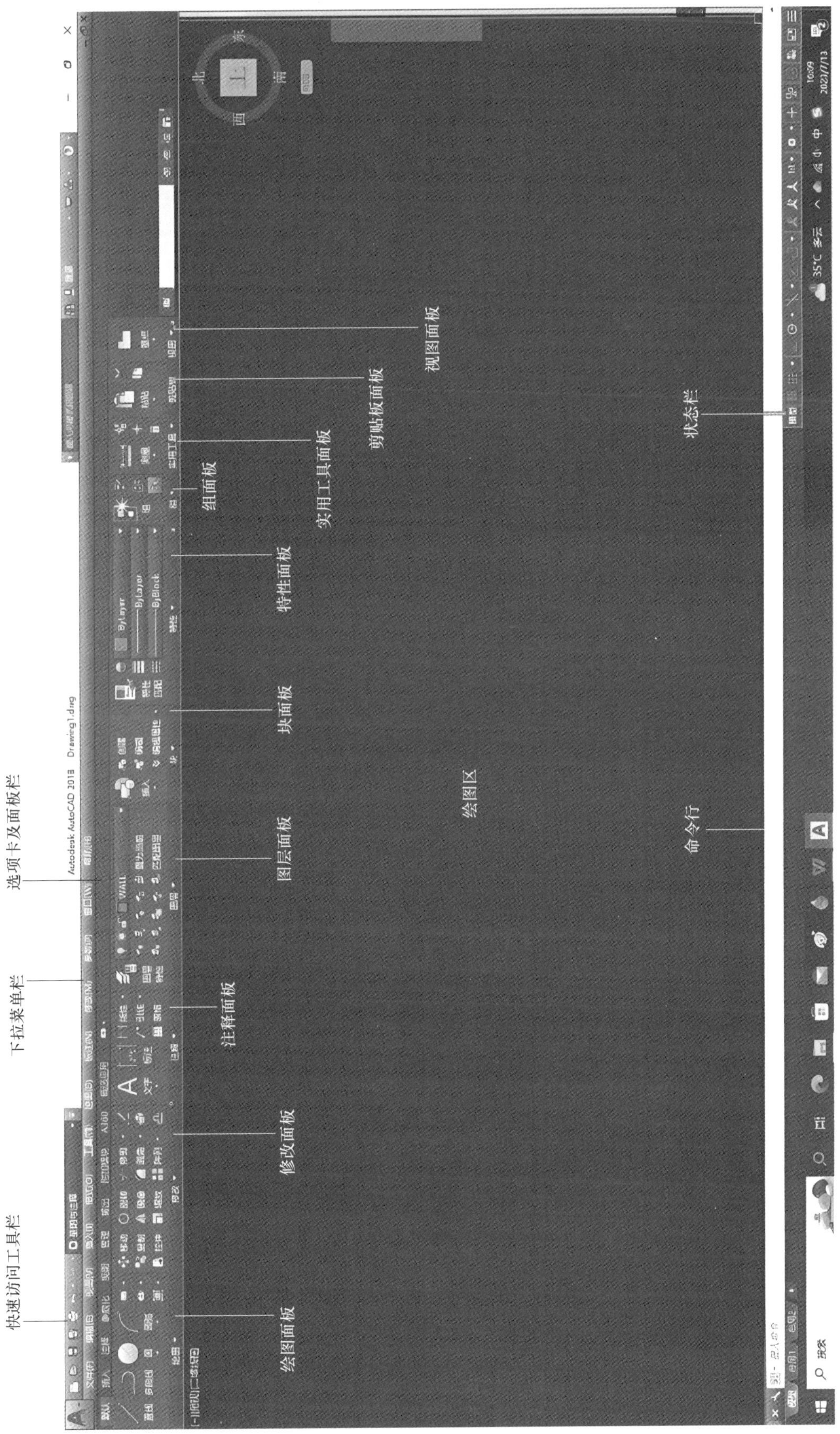

图 1-1 AutoCAD 2018 工作界面

超出工具栏最大长度范围的工具会以弹出按钮显示。

2. 下拉菜单栏

如果界面没有下拉菜单栏，可以单击快速访问工具栏右侧的下拉箭头按钮（图 1-2），在下拉列表中选择“显示菜单栏”命令，调出下拉菜单栏，如图 1-3 所示。

图 1-2　下拉箭头按钮

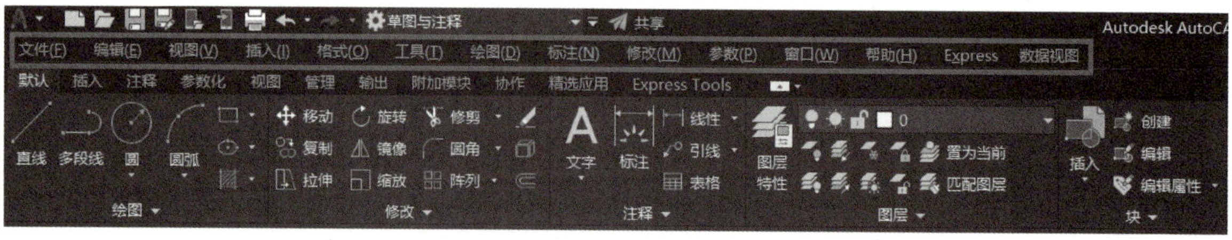

图 1-3　下拉菜单栏

3. 选项卡及面板栏

如图 1-4 所示，AutoCAD 选项卡及面板栏中包含“默认”“插入”“注释”“参数化”“视图”“管理”“输出”“附加模块”“协作”“精选应用”等选项卡，每个选项卡均包含一些常用的面板，用户可以通过面板方便地选择相应的命令进行操作。

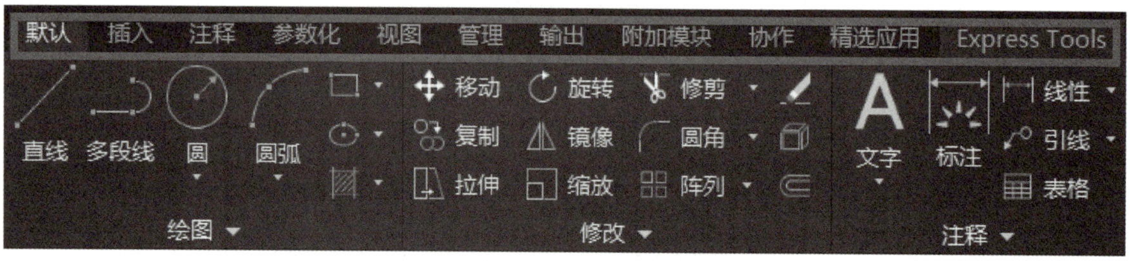

图 1-4　选项卡及面板栏

4. 绘图区

位于屏幕中间的整个空白区域是 AutoCAD 的绘图区，也称为工作区域。默认设置下的绘图区是一个无限大的区域，用户可以按照图形的实际尺寸在绘图区内绘制各种图形。其背景色默认为黑色，用户可以根据需求更改颜色。具体方法如下：

方法 1：

单击下拉菜单栏中的“工具”→“选项”命令，弹出“选项”对话框；如图 1-5 所示，选择“显示”选项卡，单击“颜色”，弹出“图形窗口颜色”对话框，如图 1-6 所示；更改颜色后，单击“应用并关闭”。

方法 2：

输入快捷命令“OP”，弹出“选项”对话框后，其余操作同方法 1。

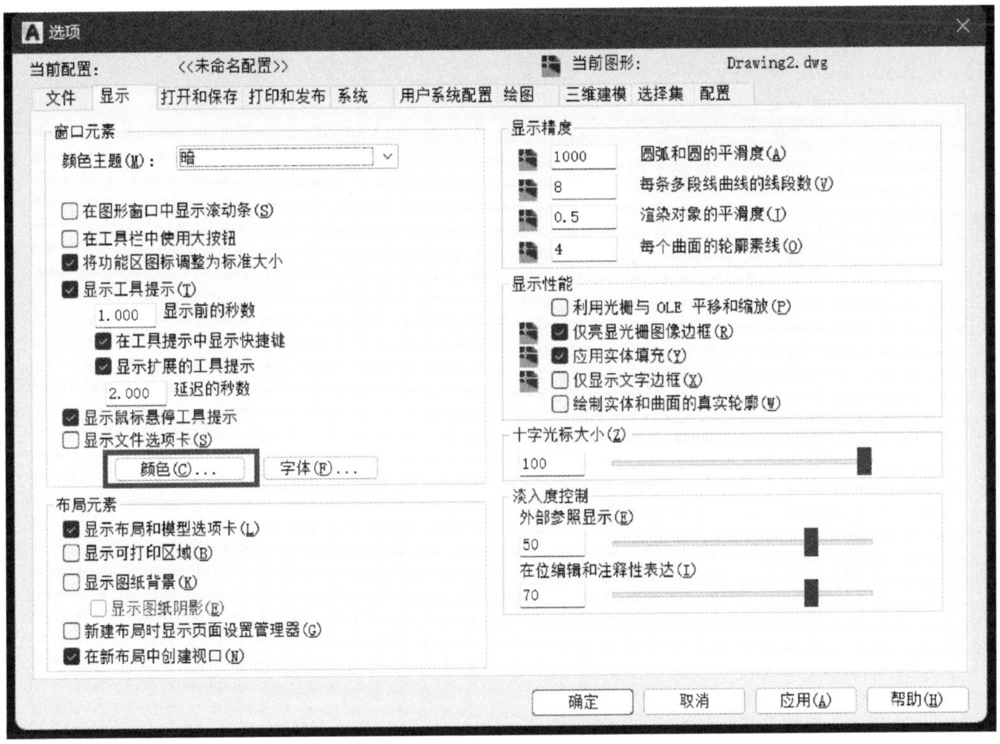

图 1-5 “显示”选项卡

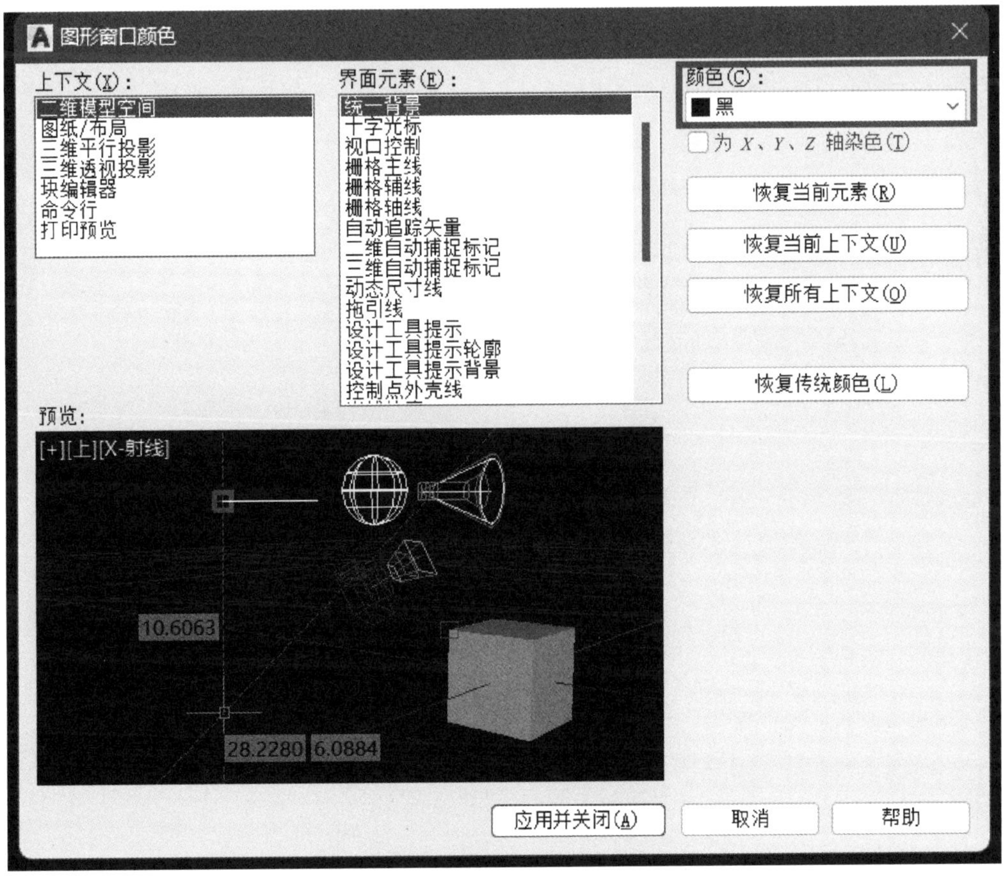

图 1-6 “图形窗口颜色”对话框

5. 命令行

命令行是输入命令名和显示命令提示的区域，默认的命令行窗口布置在绘图区下方。AutoCAD 通过命令行窗口反馈各种信息，如输入命令后的提示信息，包括错误信息、命令选项及其提示信息等。因此，用户应时刻关注命令行窗口中出现的信息。

6. 状态栏

状态栏位于工作界面的最底部，其左端用于切换模型空间和布局空间，右端则依次显示“模型或图纸空间”“显示图形栅格”“捕捉模式”“正交限制光标”“极轴追踪”“等轴测草图”“对象捕捉追踪”“对象捕捉”“显示注释对象”“在注释比例发生变化时，将比例添加到注释性对象”“当前视图的注释比例”“切换工作空间”“注释监视器”“隔离对象”“硬件加速”“全屏显示”“自定义”等辅助绘图工具按钮。当某按钮处于亮显状态时，表示该功能已开启，再次单击该按钮，则可关闭相应功能。

任务二　设置绘图环境

一、工作界面修改

很多用户习惯使用 AutoCAD 早期版本的经典工作界面。为方便用户对 AutoCAD 功能的学习，可将工作界面修改为经典工作界面，具体操作如下：

① 显示菜单栏。单击快速访问工具栏右侧的下拉箭头按钮，在下拉列表中选择“显示菜单栏”命令，如图 1-7 所示。此时下拉菜单栏将出现在快速访问工具栏下方。

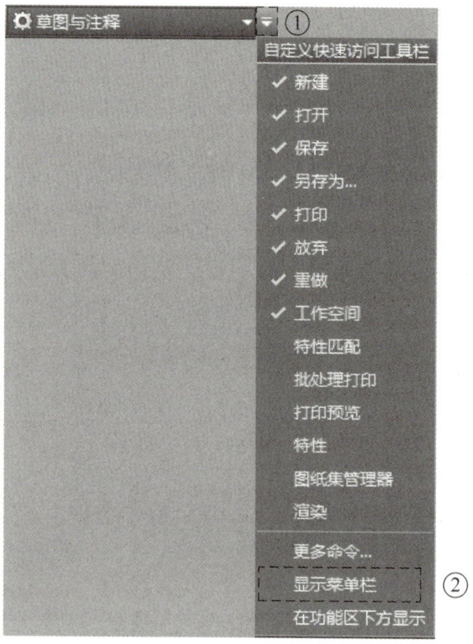

图 1-7　显示菜单栏

② 隐藏功能区。如图 1-8 所示，选择下拉菜单栏中的“工具”→“选项板”→“功能区”命令并单击，功能区随即隐藏。

图 1-8 隐藏功能区

③ 显示工具栏。如图 1-9 所示，选择下拉菜单栏中的“工具”→“工具栏”→“AutoCAD”命令，然后选择用户所需要的工具栏。

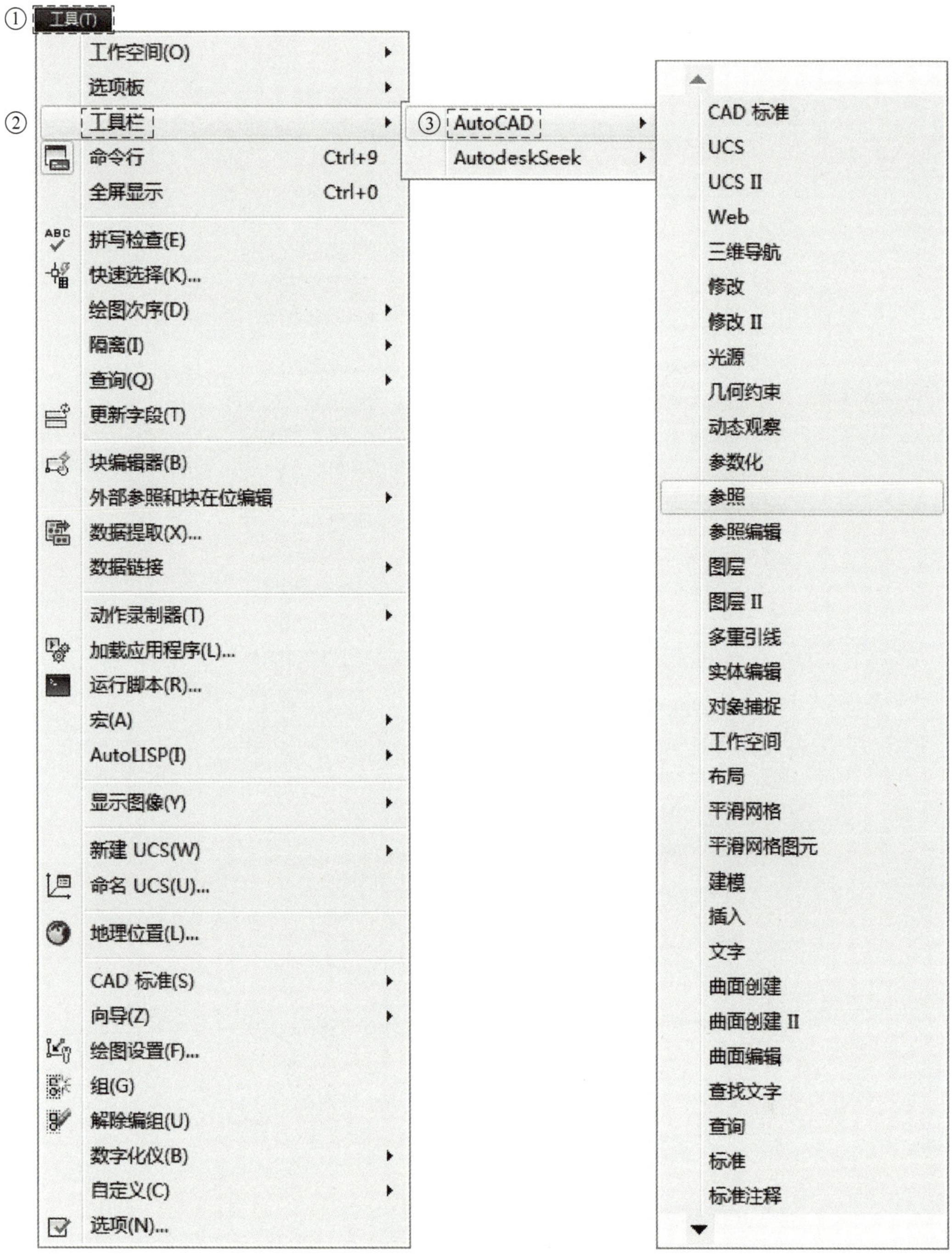

图 1-9　显示工具栏

注：本书为了方便介绍各功能的使用，将显示功能区。

④ 完成上述操作后，整个 AutoCAD 的工作界面如图 1-10 所示。

注：本书在介绍各功能时，均使用该工作界面。

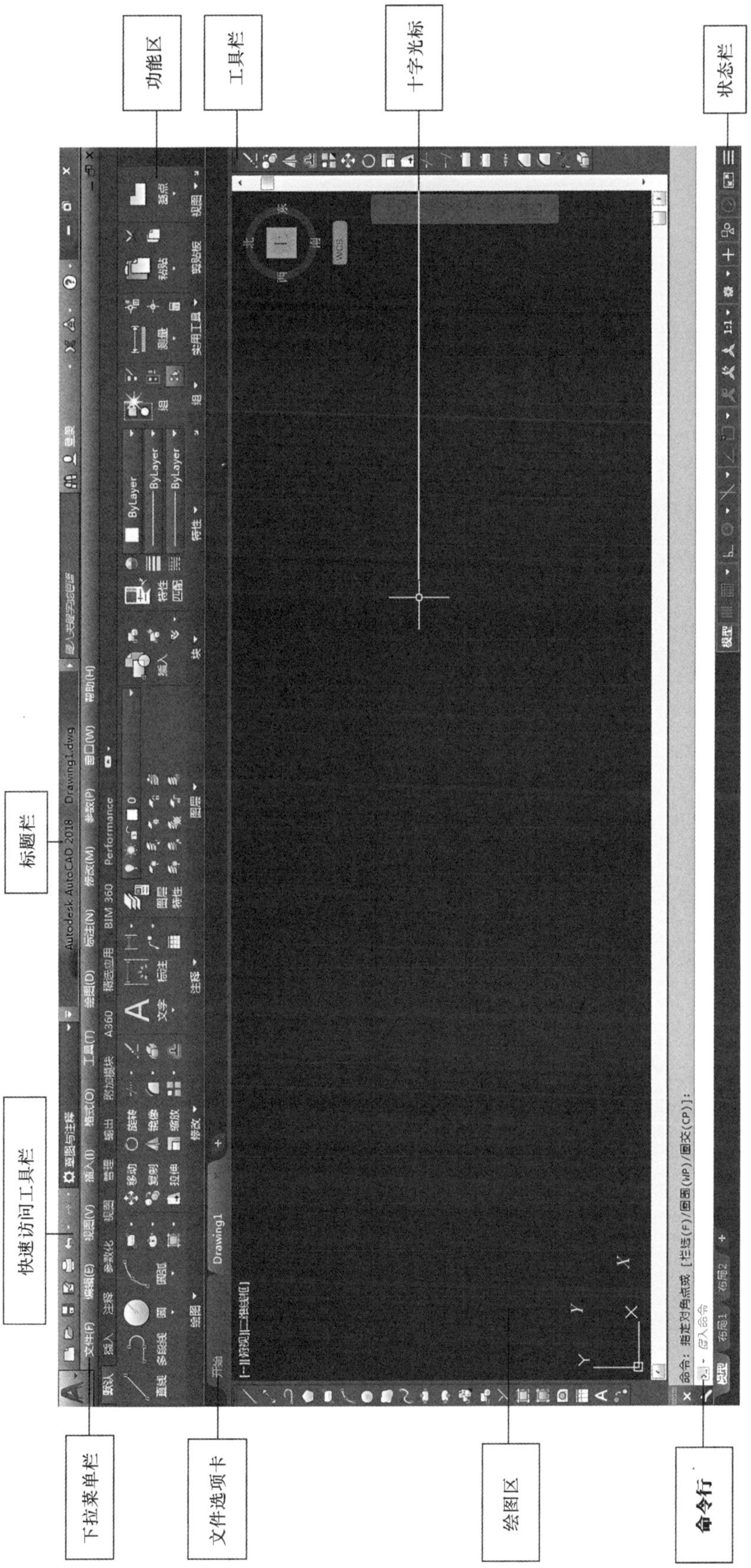

图 1-10　工作空间修改完成的工作界面

二、设置图形界限

AutoCAD 的绘图窗口是无限大的，用户可以对绘图区设置边界，以便于观察和操作。可以通过执行“格式”→“图形界限”命令，或在命令行中输入“LIMITS”命令后按 Enter 键实现。

命令行内容如下：

命令：LIMITS

重新设置图形界限

指定左下角点或[开(ON)/关(OFF)]<0.0000,0.0000>:

指定右上角点<12.0000,9.0000>:420,297(尺寸大小自行设置，按 Enter 键完成操作)

三、设置图形单位

绘制图形前，应先设置图形单位。系统默认的图形单位为十进制单位，包括长度单位、角度单位、插入时的缩放单位、光源单位以及方向控制等。执行“格式”→“单位”命令，或在命令行中输入“UNITS”命令，系统将自动弹出“图形单位”对话框，如图 1-11 所示，用户可以直接在该对话框中进行设置。在“图形单位”对话框中，单击“方向”按钮，打开“方向控制”对话框，如图 1-12 所示。在该对话框中，用户可以设置角度测量的起始位置，通常系统默认水平向右为角度测量的起始位置。

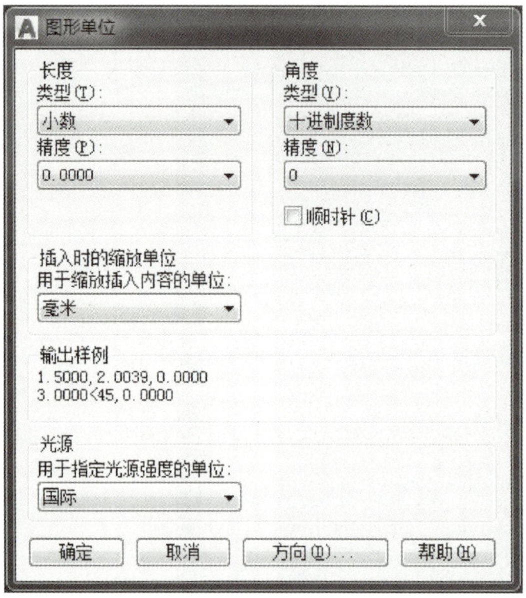

图 1-11 “图形单位”对话框

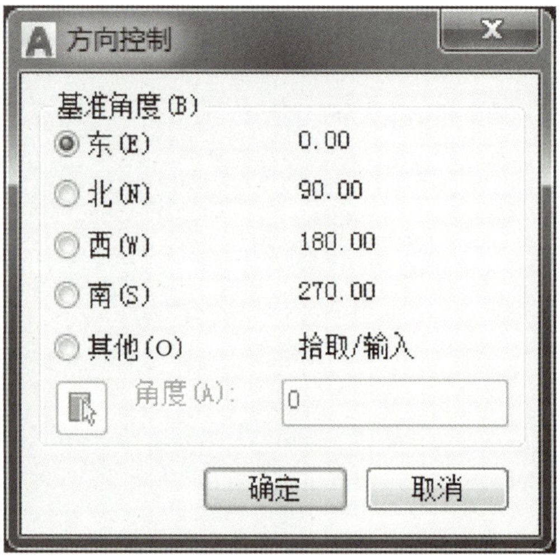

图 1-12 “方向控制”对话框

四、系统选项设置

安装 AutoCAD 后，系统选项设置将自动完成默认的初始系统配置。可通过执行“工具”→

"选项"命令，或在命令行中输入"OPTIONS"命令后按 Enter 键，系统将自动弹出"选项"对话框，如图 1-13 所示。在该对话框中，用户可以对"显示""打开和保存"等选项卡进行设置。

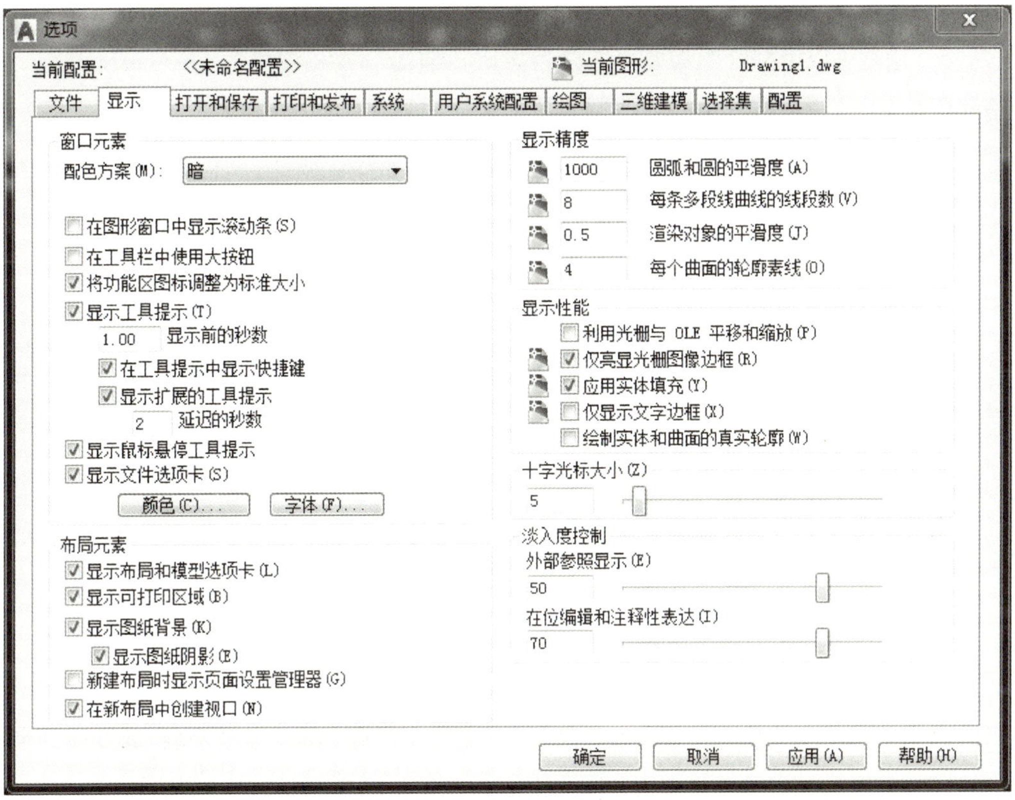

图 1-13 "选项"对话框

1. 显示设置

"显示"主要用于设置 AutoCAD 的显示情况，用户可以根据自己的绘图习惯，对窗口元素、布局元素、显示精度以及十字光标大小等进行设置。

2. 打开和保存设置

"打开和保存"主要用于设置文件类型、最近使用的文件数、自动保存频率以及防文件丢失、加密图形文件等。

五、设置辅助绘图工具

如图 1-14 所示，AutoCAD 状态栏中的辅助绘图工具按钮主要包括"栅格显示""正交模式""对象捕捉"等。这些工具按钮在绘图中起着至关重要的作用，能够帮助用户提高绘图精度和效率。

图 1-14 状态栏中的辅助绘图工具按钮

1. 捕捉和栅格

“栅格”等同于传统的坐标纸，有助于定位，并能提供直观的距离和位置参照。

右击状态栏中的“栅格显示”按钮，在下拉列表中选择“栅格设置”，或执行“工具”→“绘图设置”命令，系统将自动弹出“草图设置”对话框并定位到“捕捉和栅格”选项卡，如图 1-15 所示。用户可以根据绘图需要决定是否启用“捕捉”或“栅格”，并对极轴间距、捕捉类型、栅格间距等进行设置。

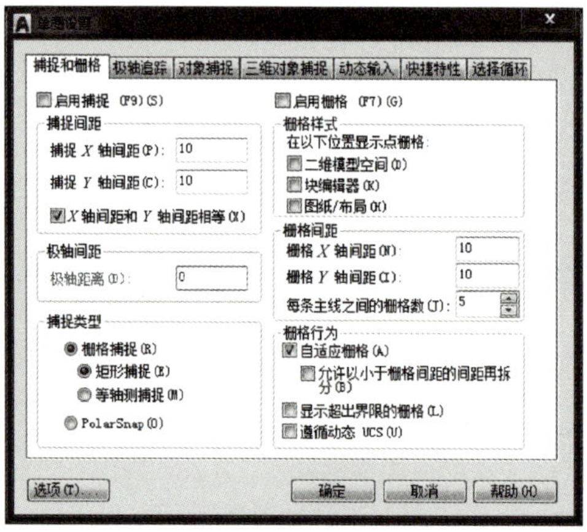

图 1-15 “捕捉和栅格”选项卡

2. 正交

单击状态栏中的“正交模式”按钮，打开该模式，约束光标在水平或垂直方向上移动，可以精确创建或修改对象。

3. 对象捕捉

绘制图形时，常需要借助一些特殊点，如中点、切点、垂足、圆心等，可以通过“对象捕捉”功能实现。单击状态栏中的“对象捕捉”按钮，打开该模式，使用前须右击该按钮，在下拉列表中选择“对象捕捉设置”，系统将自动弹出“草图设置”对话框并定位到“对象捕捉”选项卡，如图 1-16 所示。用户可以根据绘图需要，对对象捕捉模式进行设置。

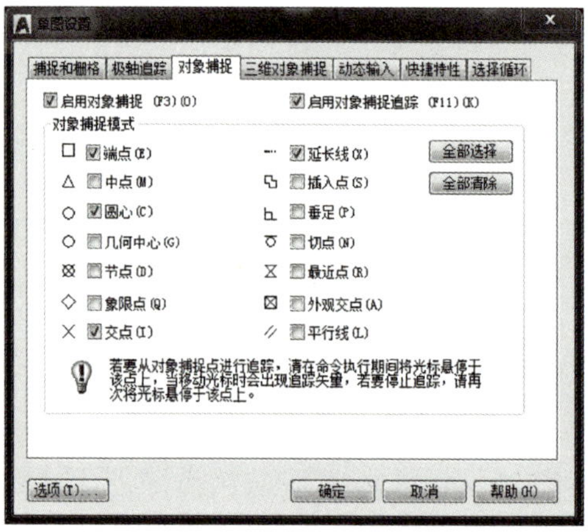

图 1-16 “对象捕捉”选项卡

4. 参照编辑

AutoCAD 中块的操作较为常用，使用时常常需要修改编辑。编辑时，如果重新打散再重新定义块会非常烦琐且不方便；如果直接双击块进入块编辑器，尽管方法可行，但其界面部分操作不便。因此，可以通过执行“工具”→“工具栏”→“AutoCAD”→“参照编辑”命令，能够在不打散块的情况下直接对块进行编辑，如图 1-17 所示。“参照编辑”对话框如图 1-18 所示。

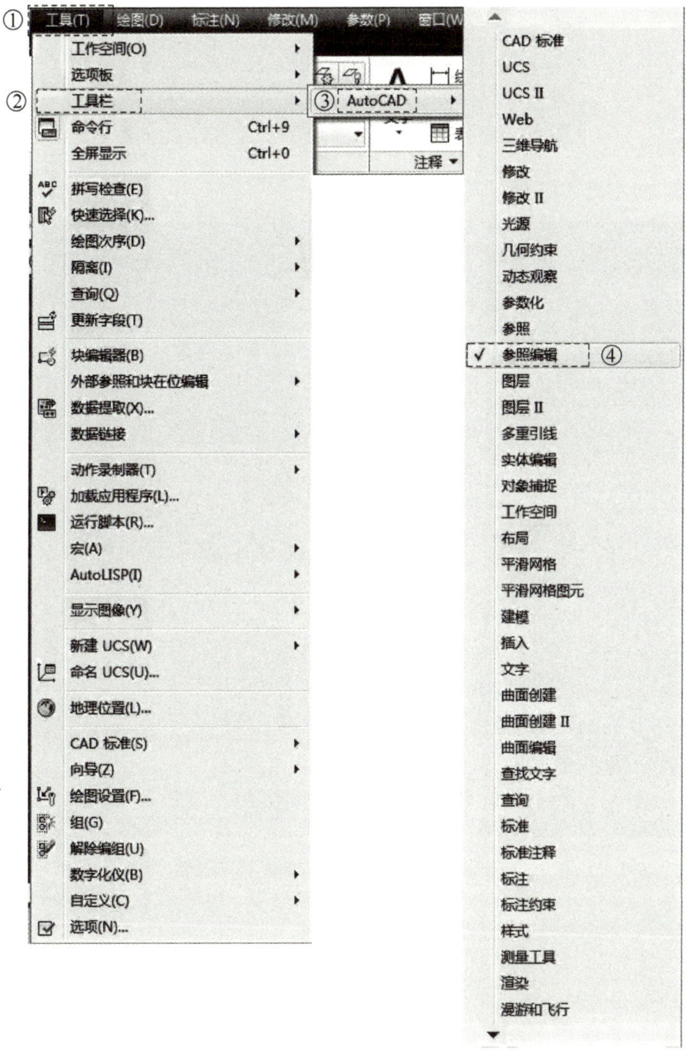

图 1-17　执行“参照编辑”命令

图 1-18　“参照编辑”对话框

六、图层设置与管理

图层是组织和管理图形对象的工具。绘图时，用户可以将图形中不同特性的对象放置在不同的图层中，以便于对不同图层上的对象进行绘制或修改，例如颜色、线型、线宽等。同时，用户还可以对各图层进行打开、关闭、冻结、解冻、锁定及解锁等操作。单击“默认”功能区下“图层”面板的“图层特性”按钮，如图1-19所示，系统将自动弹出“图层特性管理器”对话框。如图1-20所示，用户可以在“图层特性管理器”对话框中进行设置。

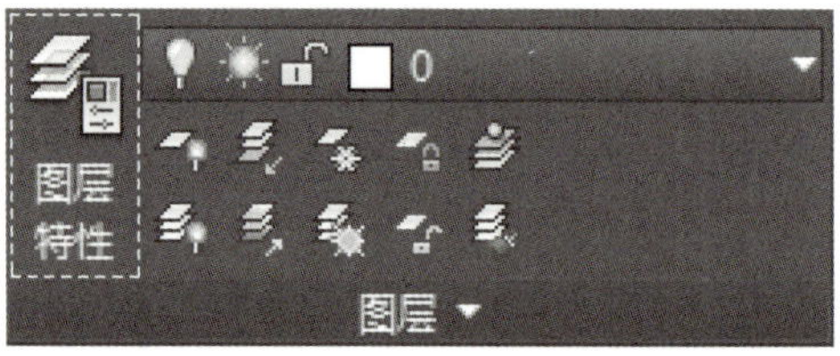

图层设置知识拓展

图1-19 “图层特性”按钮

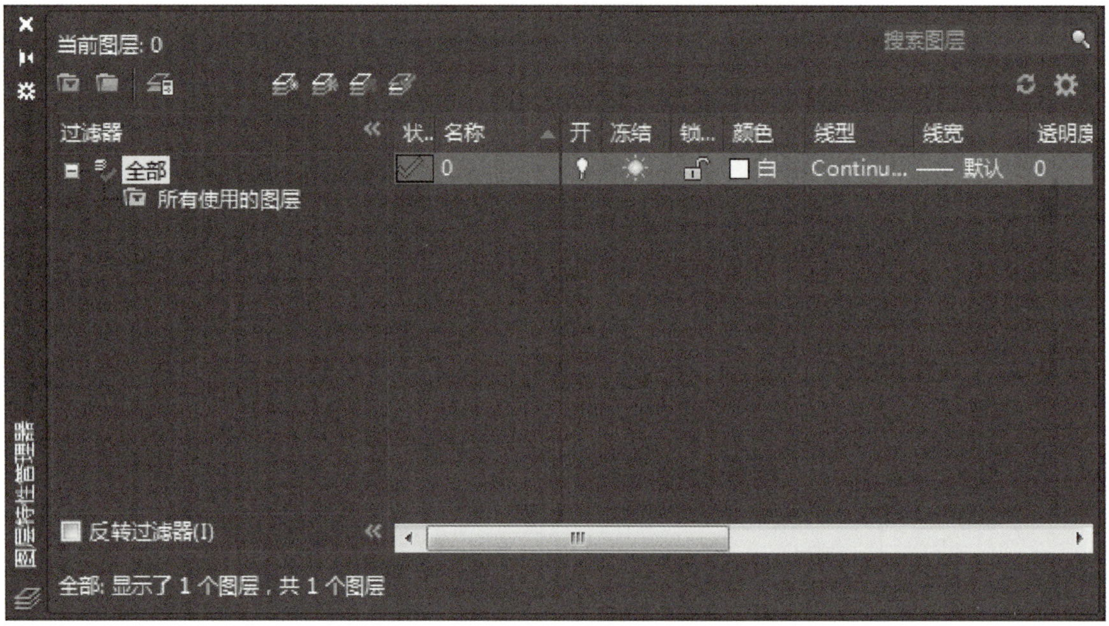

图1-20 “图层特性管理器”对话框

任务三 绘制基本二维图形

一、绘制点

1. 点样式设置

绘制点的命令包括“单点”“多点”“定数等分”和“定距等分”。默认情况下，点对象仅显示为一个小圆点，因此，在绘图之前要对点样式进行设置。

执行“格式”→“点样式”命令，或在“默认”功能区下“实用工具”面板的下拉列表中单击“点样式”按钮，系统将自动弹出“点样式”对话框，如图1-21所示。在该对话框中，用户可自行选择所需点的样式，并在“点大小”文本框中输入相应数值，然后单击“确定”，完成操作。

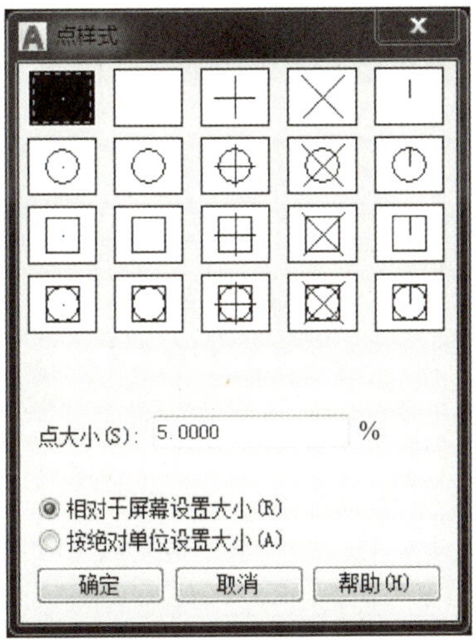

图 1-21 “点样式”对话框

2. 绘制单点或多点

(1) 绘制单点

完成点样式设置后，执行“绘图”→“点”→“单点”命令，如图 1-22 所示。在绘图区单击鼠标左键或输入点的坐标确定点，即可完成单点的绘制。

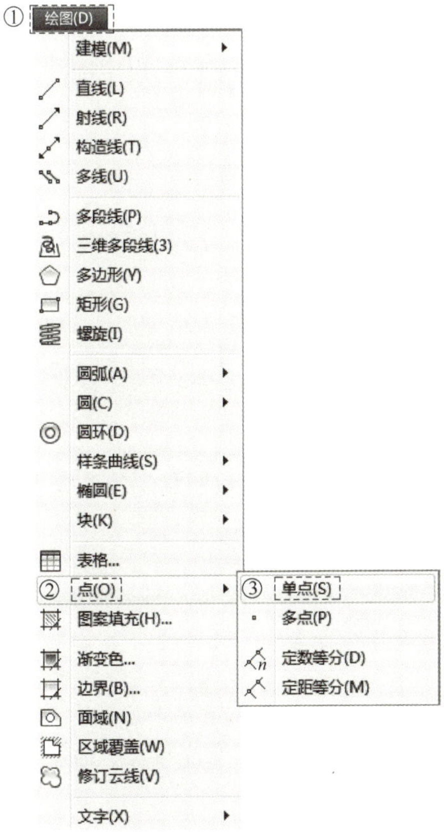

图 1-22 绘制单点

（2）绘制多点

执行“绘图”→“点”→“多点”命令，或在“默认”功能区下“绘图”面板的下拉列表中单击“多点”按钮，如图1-23所示。其余操作步骤与绘制单点相同。

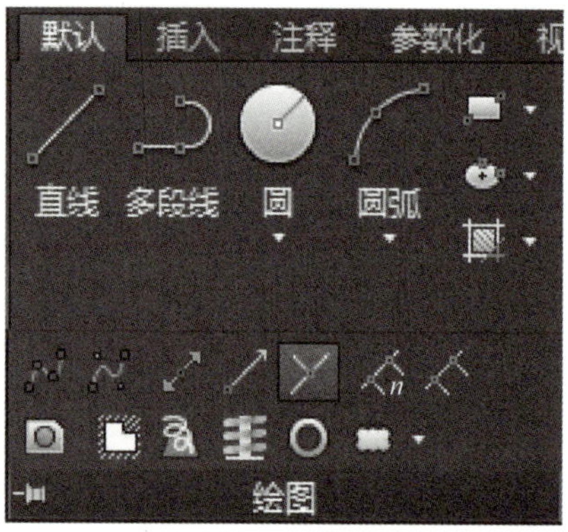

图1-23　绘制多点

3. 定数等分

通过“定数等分”命令，可以将所选对象按照指定线段数目进行等分。具体方法如下：

方法1：

执行“绘图”→“点”→“定数等分”命令。

方法2：

在“默认”功能区中单击“绘图”面板，在下拉列表中选择“定数等分”按钮。

方法3：

在命令行中输入“DIVIDE”命令后按Enter键。

命令行内容如下：

命令：DIVIDE

选择要定数等分的对象：

输入线段数目或[块(B)]：(线段数目自行设置，按Enter键完成操作)

4. 定距等分

通过“定距等分”命令，可以对指定的对象按照指定的长度进行等分，等分对象的最后一段有可能比指定的间隔短。具体方法如下：

方法1：

执行“绘图”→“点”→“定距等分”命令。

方法2：

在“默认”功能区中单击“绘图”面板，在下拉列表中选择“定距等分”按钮。

方法3：

在命令行中输入“MEASURE”命令后按Enter键。

命令行内容如下：

命令：MEASURE

选择要定距等分的对象：

指定线段长度或[块(B)]：(线段长度自行设置，按 Enter 键完成操作)

二、绘制线

绘制线命令是绘图中最常用的命令，线的类型包括直线、构造线、射线、多段线、样条曲线、多线等。

1. 绘制直线

在“默认”功能区中单击“绘图”面板中的“直线”按钮，进行直线绘制。

命令行内容如下：

命令：_line

指定第一个点：(在绘图区任意拾取一点)

指定下一点或[放弃(U)]：

指定下一点或[放弃(U)]：

指定下一点或[闭合(C)/放弃(U)]：

指定下一点或[闭合(C)/放弃(U)]：C(按 Enter 键完成操作)

直线工具知识拓展

2. 绘制构造线

构造线是无限延伸的线，通常用作辅助线，可以创建出水平、垂直或具有一定角度的构造线。在“默认”功能区中单击“绘图”面板，在下拉列表中选择“构造线”按钮，进行构造线绘制。

命令行内容如下：

命令：_xline

指定点或[水平(H)/垂直(V)/角度(A)/二等分(B)/偏移(O)]：(用户自行选择，根据命令行的提示进行操作)

指定通过点：(指定通过点，按 Enter 键完成操作)

3. 绘制射线

射线是以一个起点为中心向某一方向无限延伸的直线，通常也可用作辅助线。射线绘制方法如下：

方法 1：

执行“绘图”→“射线”命令。

方法 2：

在“默认”功能区中单击“绘图”面板，在下拉列表中选择“射线”按钮。

方法 3：

在命令行中输入“RAY”命令后按 Enter 键。

命令行内容如下：

命令：RAY

指定起点：(在绘图区任意拾取一点)

指定通过点：(指定通过点，按 Enter 键完成操作)

4. 绘制多段线

使用多段线绘制的图形都是连在一起的复合对象，这些对象可以是直线，也可以是圆弧。在绘制过程中，可以随时选择下一条线的线宽、线型和定位方法，从而绘制出不同属性线段的多段线。多段线绘制方法如下：

方法 1：

执行“绘图”→“多段线”命令。

方法 2：

在“默认”功能区中单击“绘图”面板中的“多段线”按钮。

多段线知识拓展

方法 3：

在命令行中输入“PLINE”命令后按 Enter 键。

命令行内容如下：

命令：PLINE

指定起点：(在绘图区任意拾取一点)

当前线宽为 0.0000

指定下一点或[圆弧(A)/半径(H)/长度(L)/放弃(U)/宽度(W)]：(用户自行选择，根据命令行的提示进行操作)

指定下一点或[圆弧(A)/闭合(C)/半宽(H)/长度(L)/放弃(U)/宽度(W)]：(用户自行选择，按 Enter 键完成操作)

5. 绘制样条曲线

样条曲线通常用于绘制不规则的、光滑的曲线，如小路、人工湖等。样条曲线绘制方法如下：

方法 1：

执行“绘图”→“样条曲线”命令。

方法 2：

在“默认”功能区中单击“绘图”面板，在下拉列表中选择“样条曲线”按钮。

方法 3：

在命令行中输入“SPLINE”命令后按 Enter 键。

命令行内容如下：

命令：SPLINE

当前设置：方式=拟合　节点=弦

指定第一个点或[方式(M)/节点(K)/对象(O)]：

输入下一个点或[起点切向(T)/公差(L)]:

输入下一个点或[端点相切(T)/公差(L)/放弃(U)]:

输入下一个点或[端点相切(T)/公差(L)/放弃(U)/闭合(C)]:C(按 Enter 键完成操作)

6. 绘制多线

多线是由多条平行线组成的对象，平行线的间距与数目均可以设置，在制图中常用于绘制室内平面图的墙体等。多线绘制方法如下：

方法 1：

执行“绘图”→“多线”命令。

方法 2：

在命令行中输入“MLINE”命令后按 Enter 键。

[例] 绘制 240mm 厚墙体。

命令行内容如下：

命令:MLINE

当前设置:对正=上,比例=20.00,样式=STANDARD

指定起点或[对正(J)/比例(S)/样式(ST)]:S

输入多线比例<20.00>:240.00

当前设置:对正=上,比例=240.00,样式=STANDARD

指定起点或[对正(J)/比例(S)/样式(ST)]:J

输入对正类型[上(T)/无(Z)/下(B)]<上>:Z

指定起点或[对正(J)/比例(S)/样式(ST)]:(在绘图区选择起点,开始进行墙体绘制,按 Enter 键完成操作)

三、绘制矩形和多边形

1. 矩形

绘制矩形时，可以通过两个角点或指定矩形的长、宽和旋转角度进行绘制，同时可以控制角的类型，如圆角或直角等。矩形绘制方法如下：

方法 1：

执行“绘图”→“矩形”命令。

方法 2：

在“默认”功能区中单击“绘图”面板中的“矩形”按钮。

矩形知识拓展

方法 3：

在命令行中输入“REC”命令后按 Enter 键。

命令行内容如下：

命令:RECTANG

指定第一个角点或[倒角(C)/标高(E)/圆角(F)/厚度(T)/宽度(W)]:(在绘图区任意拾取一点)

指定另一个角点或[面积(A)/尺寸(D)/旋转(R)]:D

指定矩形的长度<10.0000>:(用户自行设置数值)

指定矩形的宽度<10.0000>:(用户自行设置数值,按 Enter 键完成绘制)

2. 多边形

通过多边形命令可以绘制三角形、四边形、五边形、六边形等。多边形绘制方法如下：

方法 1：

执行“绘图”→“多边形”命令。

方法 2：

在“默认”功能区中单击“绘图”面板中“矩形”按钮右侧的倒三角按钮，在下拉列表中单击“多边形”按钮。

方法 3：

在命令行中输入“POLYGON”命令后按 Enter 键。

命令行内容如下：

命令:POLYGON

输入侧面数<4>:(用户自行设置侧面数目)

指定正多边形的中心点或[边(E)]:(在绘图区任意拾取一点)

输入选项[内接于圆(I)/外切于圆(C)]<I>:(用户自行选择类型,根据命令行的提示进行操作)

指定圆的半径:(输入数值,按 Enter 键完成操作)

四、绘制圆、圆弧和圆环

1. 圆

如图 1-24 所示，绘制圆的命令有多种，如两点方式、三点方式和相切、相切、半径方式等。圆绘制方法如下：

方法 1：

执行“绘图”→“圆”命令。

方法 2：

在“默认”功能区中单击“绘图”面板中的“圆”按钮。

方法 3：

在命令行中输入“C”命令后按 Enter 键。

圆形知识拓展

命令行内容如下：

命令:CIRCLE

指定圆的圆心或[三点(3P)/两点(2P)/切点、切点、半径(T)]:(在绘图区任意拾取一点或用户自行选择绘制模式,根据命令行的提示进行操作)

指定圆的半径或[直径(D)]:(输入所绘制圆的半径,按 Enter 键完成操作)

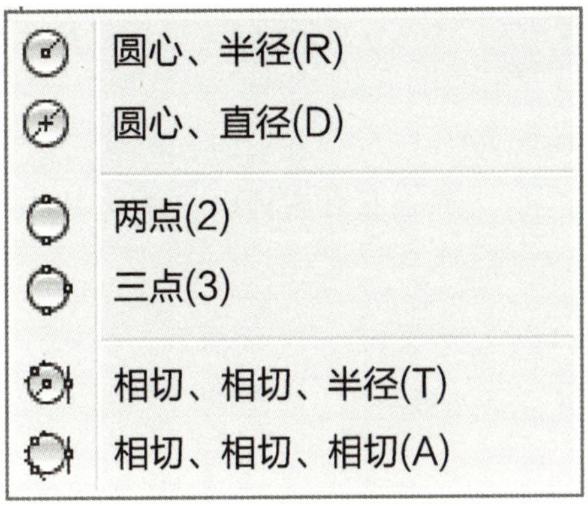

图 1-24　绘制圆的命令

2. 圆弧

圆弧是圆对象上的一部分。如图 1-25 所示，绘制圆弧的命令有多种，通常需要指定三个点(起点、圆弧上的点和端点)。圆弧绘制方法如下：

圆弧知识拓展

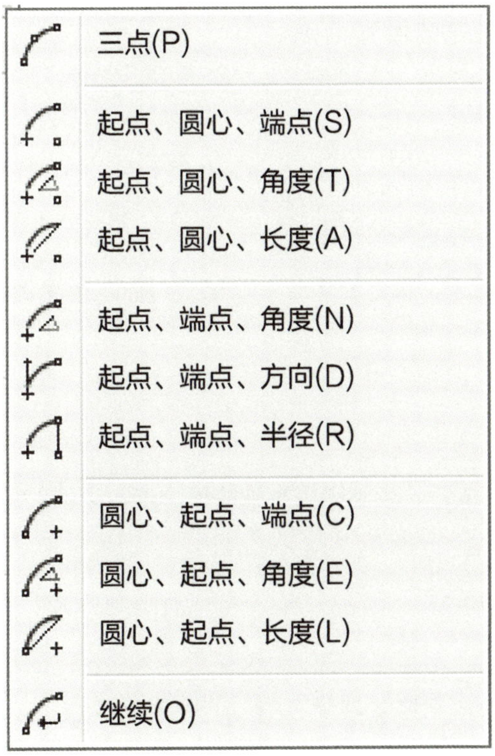

图 1-25　绘制圆弧的命令

方法 1：

执行“绘图”→“圆弧”命令。

方法 2：

在“默认”功能区中单击“绘图”面板中的“圆弧”按钮。

方法3：

在命令行中输入“A”命令后按Enter键。

命令行内容如下：

命令:ARC

指定圆弧的起点或[圆心(C)]:(在绘图区任意拾取一点或用户自行选择绘制模式,根据命令行的提示进行操作)

指定圆弧的第二个点或[圆心(C)/端点(E)]:(拾取第二个点)

指定圆弧的端点:(拾取端点,完成绘制)

3. 圆环

圆环由两个圆心相同、直径不同的圆组成，绘制时主要用圆心、内径、外径等参数。圆环绘制方法如下：

方法1：

执行“绘图”→“圆环”命令。

方法2：

在命令行中输入“DO”命令后按Enter键。

命令行内容如下：

命令:DONUT

指定圆环的内径<12.0000>:(输入内径参数)

指定圆环的外径<0.0000>:(输入外径参数)

指定圆环的中心点或<退出>:(指定圆环的中心点,按Enter键完成操作)

五、绘制椭圆和椭圆弧

1. 椭圆

椭圆由长半轴和短半轴组成，长半轴和短半轴的值决定了椭圆的形状。椭圆绘制方法如下：

方法1：

执行“绘图”→“椭圆”命令。

方法2：

在“默认”功能区中单击“绘图”面板中的“椭圆”按钮。

方法3：

在命令行中输入“EL”命令后按Enter键。

命令行内容如下：

命令:ELLIPSE

指定椭圆的轴端点或[圆弧(A)/中心点(C)]:(在绘图区任意拾取一点)

指定轴的另一个端点:(拾取第二个点)

指定另一条半轴长度或[旋转(R)]:(输入半轴参数,按 Enter 键完成操作)

2. 椭圆弧

椭圆弧是椭圆的部分弧线，椭圆弧绘制的方法与椭圆相似，先指定长半轴与短半轴的长度，再指定椭圆弧的两个端点。椭圆弧绘制方法如下：

方法 1：

执行“绘图”→“椭圆”→“圆弧”命令。

方法 2：

在“默认”功能区中单击“绘图”面板中“椭圆”按钮右侧的倒三角按钮，在下拉列表中单击“椭圆弧”按钮。

命令行内容如下：

命令:_ellipse

指定椭圆的轴端点或[圆弧(A)/中心点(C)]: A

指定椭圆弧的轴端点或[中心点(C)]:(在绘图区任意拾取一点)

指定轴的另一个端点:(拾取另一点)

指定另一条半轴长度或[旋转(R)]:(输入半轴参数)

指定起点角度或[参数(P)]:(输入起点角度参数)

指定端点角度或[参数(P)/角点(I)]:(输入端点角度参数,按 Enter 键完成操作)

六、图案填充

1. 图案填充

绘制剖面图时常用到图案填充。使用“图案填充”命令能够对封闭的区域进行多种样式的图案填充，并可以表示不同的材料类型等。图案填充方法如下：

方法 1：

执行“绘图”→“图案填充”命令。

方法 2：

在“默认”功能区中单击“绘图”面板中的“图案填充”按钮。

方法 3：

在命令行中输入“H”命令后按 Enter 键。

执行上述任意操作后，系统将自动打开“图案填充创建”选项卡，如图 1-26 所示。用户可以直接在选项卡上设置图案填充的边界、图案、特性和其他属性。

图 1-26 “图案填充创建”选项卡

①“边界”面板。“边界”面板用于选择所要填充对象的边界或边界线段，也可以对边界进行删除或重新创建以改变所要填充的区域。

②“图案”面板。“图案”面板用于显示所有预定义和自定义图案的预览图像，可在下拉列表中选择所要填充图案的类型。

③“特性”面板。“特性”面板用于设置填充方式、填充颜色、透明度、角度以及比例等。

在“图案填充创建”选项卡中单击“选项”面板右下角按钮，即可打开“图案填充和渐变色”对话框（图案填充），如图 1-27 所示。

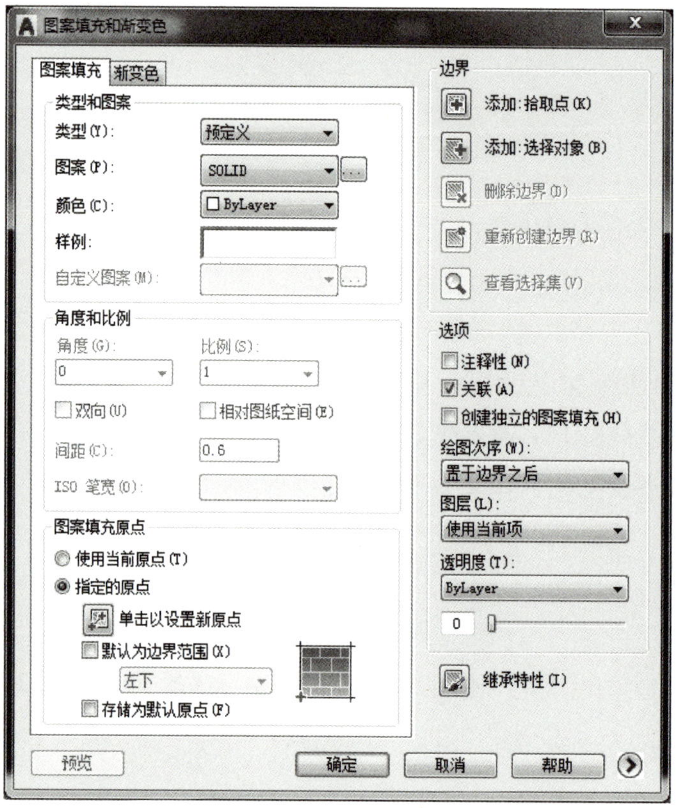

图 1-27 “图案填充和渐变色”对话框（图案填充）

2. 渐变色填充

“渐变色”命令可对封闭的区域添加一种或两种颜色平滑过渡的渐变填充。渐变色填充方法如下：

方法 1：

执行“绘图”→“渐变色”命令。

方法 2：

在“默认”功能区中单击“绘图”面板中“图案填充”按钮右侧的倒三角按钮，在下拉列表中单击“渐变色”按钮。

执行上述任意操作后，系统将自动打开“图案填充创建”选项卡，如图 1-28 所示。用户可以直接在选项卡上设置渐变色填充边界、图案、特性和其他属性，其功能选项卡的使用与图案填充相似。

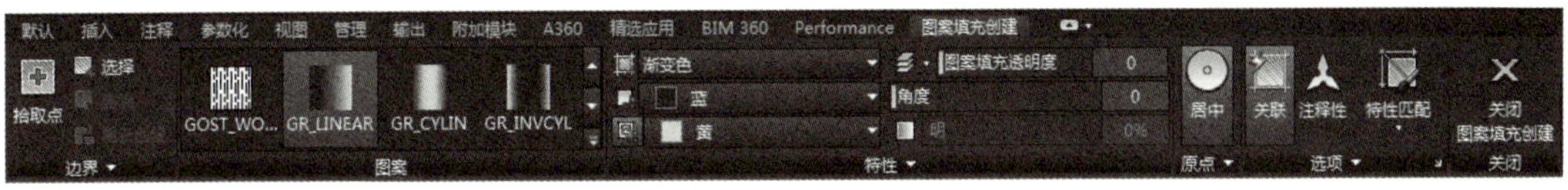

图 1-28 “图案填充创建”选项卡

在“图案填充创建”选项卡中单击“选项”面板右下角按钮，即可打开“图案填充和渐变色”对话框（渐变色），如图 1-29 所示。

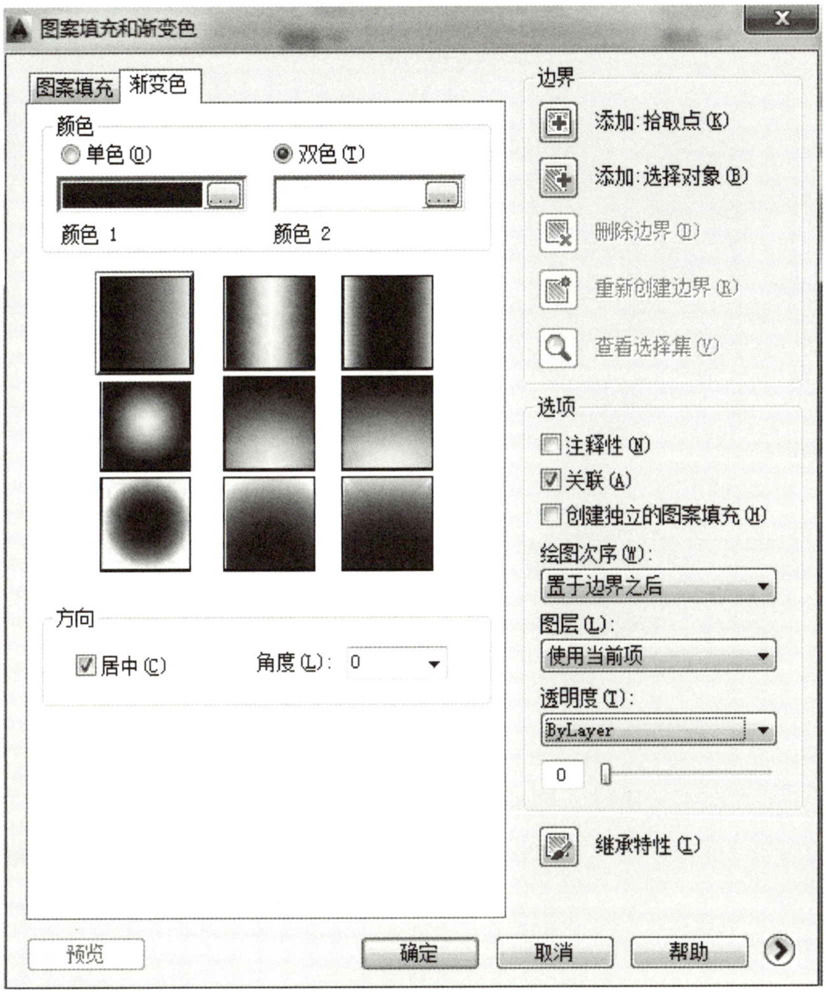

图 1-29 “图案填充和渐变色”对话框（渐变色）

3. 孤岛检测

孤岛检测属于填充方式中的高级功能。单击“图案填充和渐变色”对话框右下角按钮，弹出“孤岛检测”面板，如图 1-30 所示。孤岛显示样式有三种：普通、外部和忽略。

① 普通。从外部边界向内填充，即第一层填充、第二层不填充，循环交替进行填充。

② 外部。只对最外层进行填充，内部不填充。

③ 忽略。忽略所有内部对象，直接填充整个图案。

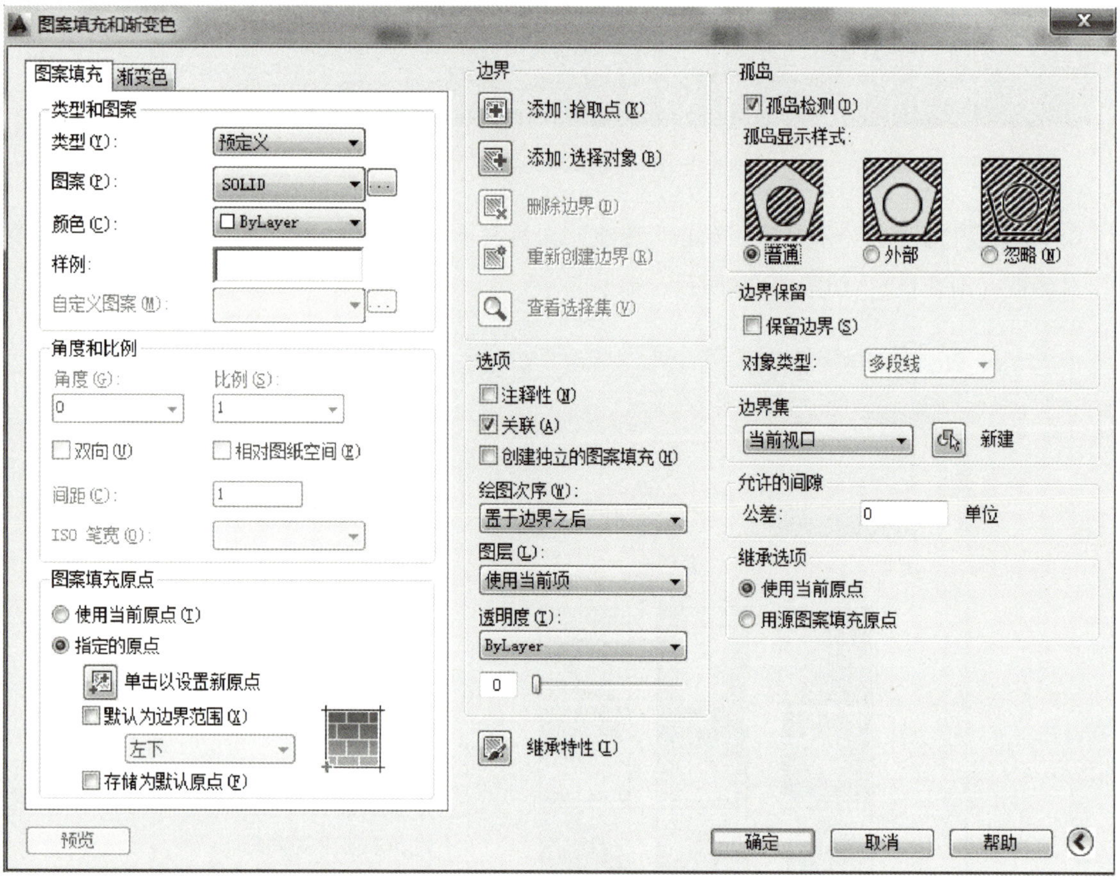

图 1-30 “孤岛检测”面板

七、绘制块

1. 块定义

块是由一个或多个图形对象组成的对象集合，常用于绘制复杂或重复的图形。用户可以直接调用块，实现图形的快速插入，减少大量重复操作，从而提高绘图的效率。块定义方法如下：

方法 1：

执行“绘图”→“块”→“创建”命令。

方法 2：

在“默认”功能区中单击“块”面板中的“创建”按钮。

方法 3：

在命令行中输入“B”命令后按 Enter 键。

执行上述任意操作，系统将自动弹出“块定义”对话框，如图 1-31 所示。用户可以直接在对话框中设置块的名称、基点以及对象等内容。先设置名称，再单击“选择对象”，对所需图形进行选择，最后“单击”确定，完成块定义操作。

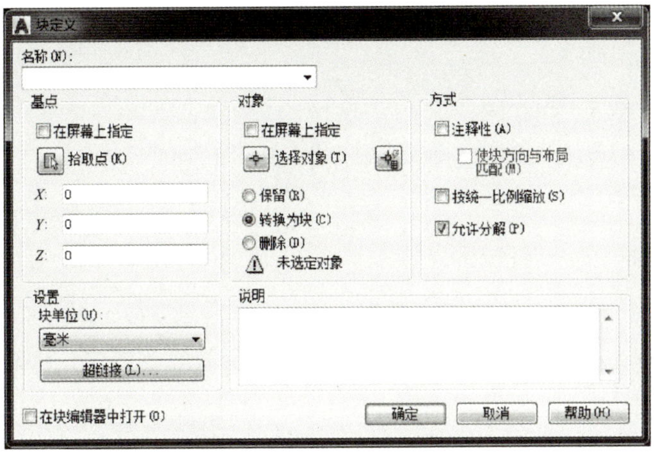

图 1-31　“块定义”对话框

2. 写块

写块也称为存储块，可以将文件中的块作为单独的对象保存为一个新的文件，从而方便在其他图形文件中随时调用。在命令行中输入“W”命令后按 Enter 键，系统将自动弹出“写块”对话框，如图 1-32 所示。写块的操作步骤与块定义操作相似。

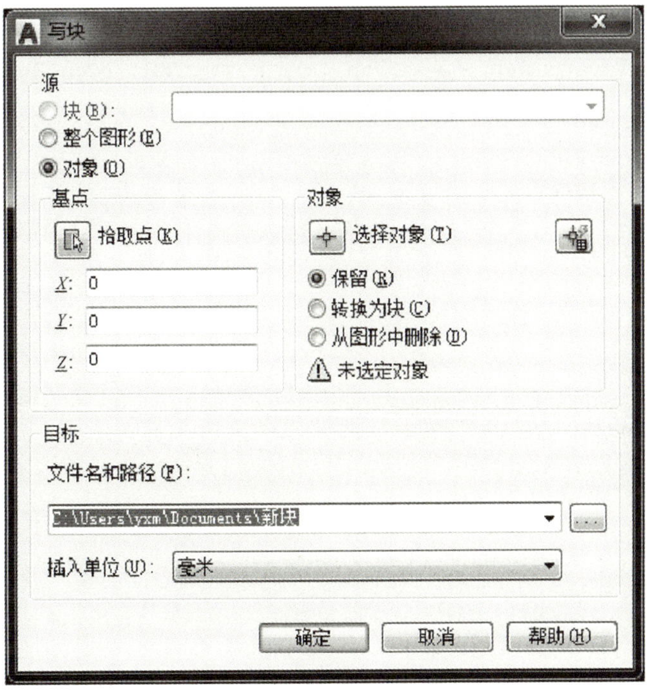

图 1-32　“写块”对话框

3. 插入块

当图形被定义为块后，可以通过“插入块”命令直接将块插入图形中，可以一次插入一个或者多个块。插入块方法如下：

方法 1：

执行“插入”→“块”命令。

方法 2：

在“默认”功能区中单击“块”面板中的“插入块”按钮。

方法 3：

在命令行中输入“I”命令后按 Enter 键。

执行上述任意操作，系统将自动弹出“插入”对话框，如图 1-33 所示。用户可以通过该对话框浏览创建的内部图块，也可以通过名称查找并选择所需要的图块，将其插入当前的图形中。

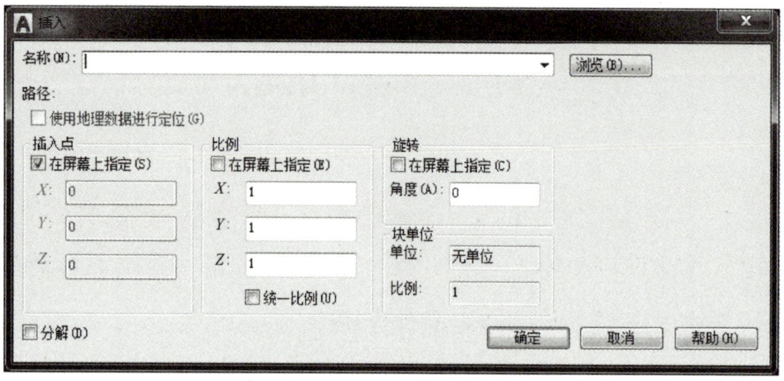

图 1-33 “插入”对话框

任务四 编辑二维图形

一、选择对象

1. 设置对象的选择模式

设置对象的选择模式方法如下：

方法 1：

执行“工具”→“选项”命令。

方法 2：

在绘图区单击鼠标右键，在弹出的快捷菜单中单击“选项”命令。

方法 3：

在命令行中输入“OP”命令后按 Enter 键。

执行上述任意操作，系统将自动弹出“选项”对话框，如图 1-34 所示。用户可以在“选项”对话框中设置拾取框大小、选择集模式以及夹点功能等。

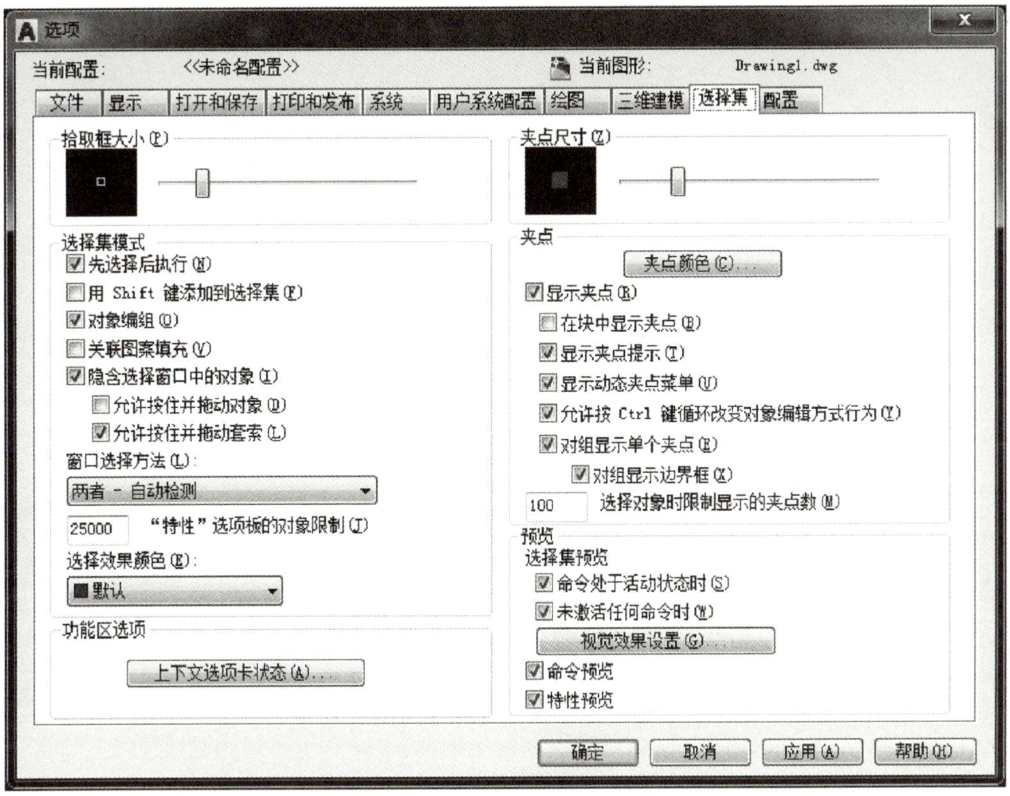

图 1-34 "选项"对话框

2. 选择对象

（1）目标选择

目标选择方法如下：

在命令行中输入"SELECT"命令后按 Enter 键。

命令行内容如下：

命令:SELECT

选择对象:

需要点或[窗口(W)/上一个(L)/窗交(C)/框(BOX)/全部(ALL)/栏选(F)/圈围(WP)/圈交(CP)/编组(G)/添加(A)/删除(R)/多个(M)/前一个(P)/放弃(U)/单个(SI)/子对象(O)]:

选择对象:(用户自行选择模式即可选定对象)

（2）单击选择

单击选择是最简单的选择对象方式，也是最常用的方式。将十字光标移动到要选择的对象上，然后单击鼠标左键，即可选择该对象。依次单击不同的对象，即可依次加选多个对象。

（3）矩形选择

使用矩形选择可以同时选择多个对象，能够有效提高绘图效率。矩形选择方法如下：

方法 1：

使用窗口选择方式，在绘图区选择第一个角点，从左向右移动十字光标绘制一个实线矩形框，然后选择第二个角点，即可选中全部位于实线矩形框内的对象，而部分位于实线矩形框外的对象将不会被选中。

方法 2：

使用窗交选择方式，在绘图区选择第一个角点，从右向左移动十字光标绘制一个虚线矩形框，然后选择第二个角点，即可选中位于虚线矩形框内的全部对象。

3. 快速选择

当图形文件过大时，可以通过快速选择工具选择具有共同特性的对象。快速选择方法如下：

方法 1：

执行“工具”→“快速选择”命令。

方法 2：

在“默认”功能区中单击“实用工具”面板中的“快速选择”按钮。

方法 3：

在命令行中输入“QSELECT”命令后按 Enter 键。

执行上述任意操作，系统将自动弹出“快速选择”对话框，如图 1-35 所示。用户可以根据图形对象的图层、颜色、线型比例以及线宽等特性创建选择集。

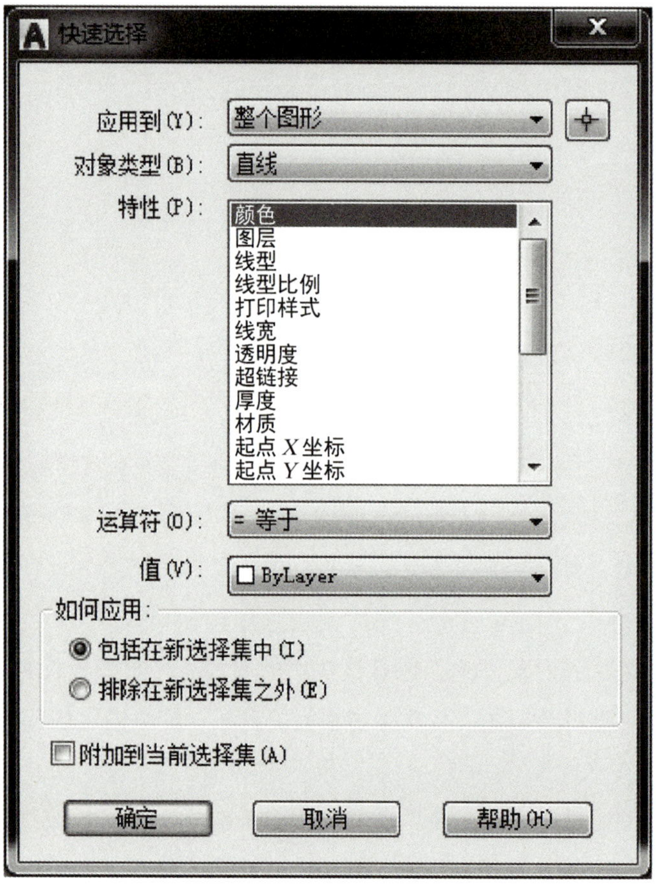

图 1-35　“快速选择”对话框

二、删除与恢复

1. 删除

绘制图形时，用户可以通过“删除”命令删除辅助线或绘制错误的图形对象。删除方法如下：

方法 1：

执行“修改”→“删除”命令。

方法 2：

在“默认”功能区中单击“修改”面板中的“删除”按钮。

方法 3：

在命令行中输入“E”命令后按 Enter 键。

方法 4：

选择要删除的对象后，直接按 Delete 键。

2. 恢复

绘制图形时，用户可以通过恢复命令恢复误删的图形对象。恢复方法如下：

方法 1：

单击快速访问工具栏中的“放弃”按钮。

方法 2：

在命令行中输入“OOPS”命令后按 Enter 键。

方法 3：

通过快捷键“Ctrl+Z”恢复。

三、复制

1. 复制

复制对象是将原对象保留，创建并移动对象的副本图形。复制后的对象将继承原对象的属性。复制方法如下：

方法 1：

执行“修改”→“复制”命令。

方法 2：

在“默认”功能区中单击“修改”面板中的“复制”按钮。

方法 3：

在命令行中输入“CO”命令后按 Enter 键。

命令行内容如下：

命令:COPY

选择对象:(选择要复制的对象)

选择对象:(选择另一个要复制的对象,然后按 Enter 键)

当前设置:复制模式 = 多个

指定基点或[位移(D)/模式(O)]<位移>:(指定基点)

指定第二个点或[阵列(A)]<使用第一个点作为位移>:(指定第二个点,按 Enter 键完成操作)

2. 阵列

使用阵列工具可以按照特定的排列方式创建多个对象副本。阵列的类型有三种：矩形阵列、环形路径、路径阵列。阵列方法如下：

方法 1：

执行“修改”→“阵列”命令，选择阵列模式。

方法 2：

在“默认”功能区中单击“修改”面板中的“阵列”按钮。

方法 3：

在命令行中输入“AR”命令后按 Enter 键。

命令行内容如下：

命令:ARRAY

选择对象:(选择要阵列的对象)

选择对象:(按 Enter 键)

输入阵列类型[矩形(R)/路径(PA)/极轴(PO)]<矩形>: R(选择阵列类型,根据提示操作)

类型 = 矩形　关联 = 是

选择夹点以编辑阵列或[关联(AS)/基点(B)/计数(COU)/间距(S)/列数(COL)/行数(R)/层数(L)/退出(X)]<退出>:(按 Enter 键完成操作)

执行上述命令，系统将自动打开“阵列”面板，按选择阵列类型不同，该面板有三种显示：“矩形”阵列（图 1-36）、“极轴”阵列（图 1-37）、“路径”阵列（图 1-38）。用户可以根据提示设置面板中的各项参数。

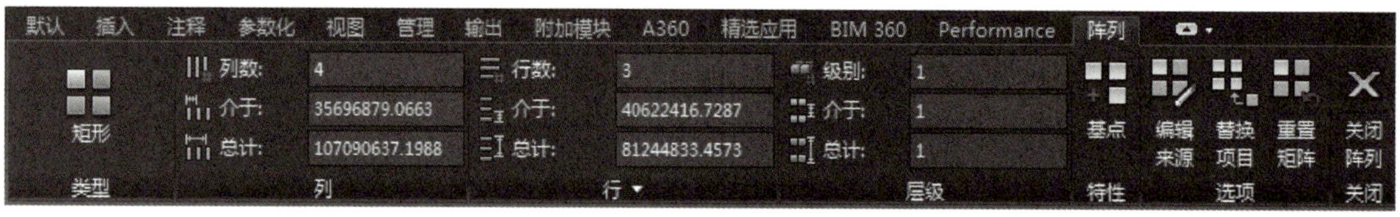

图 1-36　“矩形”阵列面板

矩形阵列知识拓展

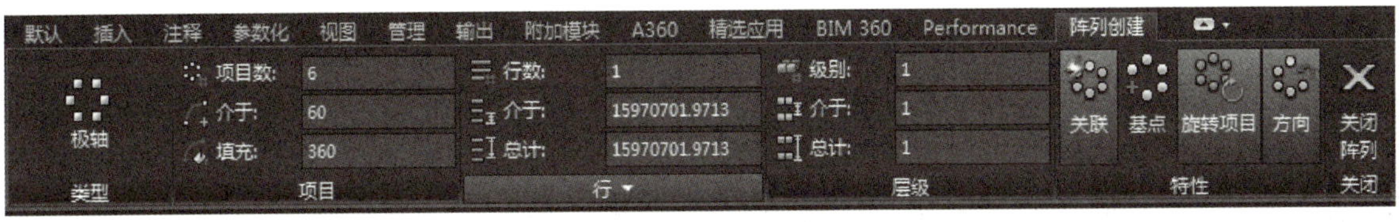

图 1-37 “极轴”阵列面板

极轴阵列知识拓展

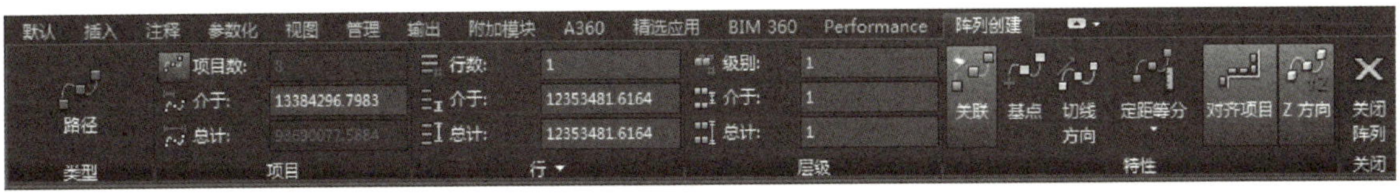

图 1-38 “路径”阵列面板

3. 镜像

通过镜像工具可以将指定对象绕指定轴翻转，创建对称的镜像图形，从而提高绘图效率。镜像方法如下：

方法 1：

执行“修改”→“镜像”命令。

方法 2：

在“默认”功能区中单击“修改”面板中的“镜像”按钮。

方法 3：

在命令行中输入“MI”命令后按 Enter 键。

命令行内容如下：

命令：MIRROR

选择对象：(选择要镜像的对象)

选择对象：找到 1 个

选择对象：(按 Enter 键)

指定镜像线的第一点：(指定对称轴线的第一点)

指定镜像线的第二点：(指定对称轴线的第二点)

要删除源对象吗？[是(Y)/否(N)]<否>：(用户自行选择是否删除源对象，按 Enter 键完成操作)

四、缩放

通过缩放工具，可以将图形对象按照给定基点和比例因子进行成比例扩大或缩小。缩放方法如下：

方法 1：

执行“修改”→“缩放”命令。

方法 2：

在“默认”功能区中单击“修改”面板中的“缩放”按钮。

方法 3：

在命令行中输入“SC”命令后按 Enter 键。

命令行内容如下：

命令：SCALE

选择对象：(选择要缩放的对象)

选择对象：找到 1 个

选择对象：(按 Enter 键)

指定基点：(在绘图区指定一点)

指定比例因子或[复制(C)/参照(R)]：(输入比例因子或选择其他模式，根据命令行的提示进行操作。按 Enter 键完成操作)

五、拉伸

通过拉伸工具，可以将选定对象按指定的方向和角度进行拉伸。拉伸工具只适用于窗交窗口部分包围的对象。拉伸方法如下：

方法 1：

执行“修改”→“拉伸”命令。

方法 2：

在“默认”功能区中单击“修改”面板中的“拉伸”按钮。

方法 3：

在命令行中输入“S”命令后按 Enter 键。

命令行内容如下：

命令：STRETCH

以交叉窗口或交叉多边形选择要拉伸的对象…

选择对象：(选择要拉伸的对象)

选择对象：找到 1 个

选择对象：(按 Enter 键)

指定基点或[位移(D)]<位移>：(在绘图区指定一点)

指定第二个点或<使用第一个点作为位移>：(指定第二个点)

六、移动

通过移动工具，可以将选定的对象在不改变其方向和大小的情况下，从当前的位置移动到另一个位置。移动方法如下：

方法 1：

执行“修改”→“移动”命令。

方法 2：

在“默认”功能区中单击“修改”面板中的“移动”按钮。

方法 3：

在命令行中输入“M”命令后按 Enter 键。

命令行内容如下：

命令：MOVE

选择对象：（选择要移动的对象）

选择对象：指定对角点：找到 1 个

选择对象：（按 Enter 键）

指定基点或［位移（D）］<位移>：（单击所选对象上的点）

指定第二个点或<使用第一个点作为位移>：（指定要移动到最新位置的点）

七、偏移

通过偏移工具，可以创建与选定对象平行的新对象。偏移方法如下：

方法 1：

执行“修改”→“偏移”命令。

方法 2：

在“默认”功能区中单击“修改”面板中的“偏移”按钮。

方法 3：

在命令行中输入“O”命令后按 Enter 键。

命令行内容如下：

命令：OFFSET

当前设置：删除源＝否　图层＝源　OFFSETGAPTYPE＝0

指定偏移距离或［通过（T）/删除（E）/图层（L）］<通过>：（输入偏移距离）

选择要偏移的对象，或［退出（E）/放弃（U）］<退出>：（选择要偏移的对象）

指定要偏移的那一侧的点，或［退出（E）/多个（M）/放弃（U）］<退出>：（指定要偏移的那一侧的点）

八、旋转

通过旋转工具，可以将选定对象按指定的角度围绕基点进行旋转。旋转方法如下：

方法 1：

执行“修改”→“旋转”命令。

方法 2：

在“默认”功能区中单击“修改”面板中的“旋转”按钮。

方法 3：

在命令行中输入“RO”命令后按 Enter 键。

命令行内容如下：

命令：ROTATE

当前的正角方向：ANGDIR＝逆时针　ANGBASE＝0

选择对象：（选择要旋转的对象）

选择对象：找到 1 个

选择对象：（按 Enter 键）

指定基点：（在绘图区指定一个基点，选定对象将围绕基点进行旋转）

指定旋转角度，或［复制（C）/参照（R）］<0>：（输入旋转角度，按 Enter 键完成操作）

九、修改图形特性

用户可以通过改变图形对象本身的特性来满足绘图的需要，例如打断、修剪、延伸、分解等。

1. 打断

通过打断工具，可以将选定对象分成两个部分，或将其中的一部分删除。打断方法如下：

方法 1：

执行“修改”→“打断”命令。

方法 2：

在“默认”功能区中单击“修改”面板中的“打断”按钮。

方法 3：

在命令行中输入“BR”命令后按 Enter 键。

命令行内容如下：

命令：BREAK

选择对象：（选择要打断的对象）

指定第二个打断点或［第一个点（F）］：（指定打断的点）

2. 修剪

通过修剪工具，可以将选定对象的超出部分修剪掉。修剪方法如下：

方法 1：

执行“修改”→“修剪”命令。

方法 2：

在“默认”功能区中单击“修改”面板中的“修剪”按钮。

方法 3：

在命令行中输入“TR”命令后按 Enter 键。

命令行内容如下：

命令：TRIM

选择对象或<全部选择>：(选择要修剪的对象，按 Enter 键)

选择要修剪的对象，或按住 shift 键选择要延伸的对象，或[栏选(F)/窗交(C)/投影(P)/边(E)/删除(R)/放弃(U)]：(选择对象进行修剪，或选择其他模式，根据命令行的提示进行操作)

3. 延伸

通过延伸工具，可以将选定对象延伸到指定的边界。延伸方法如下：

方法 1：

执行“修改”→“延伸”命令。

方法 2：

在“默认”功能区中单击“修改”面板中的“延伸”按钮--/。

方法 3：

在命令行中输入“EX”命令后按 Enter 键。

命令行内容如下：

命令：EXTEND

选择对象或<全部选择>：(选择要延伸到的边界，按 Enter 键)

选择要延伸的对象，或按住 shift 键选择要修剪的对象，或[栏选(F)/窗交(C)/投影(P)/边(E)/删除(R)/放弃(U)]：(选择要延伸的对象，或选择其他模式，根据命令行的提示进行操作)

4. 分解

通过分解工具，可以将选定的复合对象分解为其部件对象，而且生成的对象具有指定的特性。分解方法如下：

方法 1：

执行“修改”→“分解”命令。

方法 2：

在“默认”功能区中单击“修改”面板中的“分解”按钮。

方法 3：

在命令行中输入“X”命令后按 Enter 键。

命令行内容如下：

命令：EXPLODE

选择对象：(选择要分解的对象，按 Enter 键完成操作)

十、图形的倒角和圆角

图形的倒角和圆角主要是对图形进行修饰，改变其形状。

1. 倒角

通过图形倒角工具，可以将相邻的两条直角边或锐角进行倒角。倒角方法如下：

方法 1：

执行“修改”→“倒角”命令。

方法 2：

在“默认”功能区中单击“修改”面板中的“倒角”按钮。

方法 3：

在命令行中输入“CHA”命令后按 Enter 键。

命令行内容如下：

命令：CHAMFER

（“修剪”模式）当前倒角距离 1=0.0000，距离 2=0.0000

选择第一条直线或［放弃(U)/多段线(P)/距离(D)/角度(A)/修剪(T)/方式(E)/多个(M)］：D

指定第一个倒角距离<0.0000>：(输入倒角距离)

指定第二个倒角距离<0.0000>：(输入倒角距离)

选择第一条直线或［放弃(U)/多段线(P)/距离(D)/角度(A)/修剪(T)/方式(E)/多个(M)］：(选择第一条直线)

选择第二条直线，或按住 shift 键选择直线以应用角点或［距离(D/角度(A)/方法(M)］：(选择第二条直线)

2. 圆角

通过圆角工具，可以通过二维相切圆弧连接两个对象，或者在三维实体的相邻面之间创建圆形过渡。圆角方法如下：

方法 1：

执行“修改”→“圆角”命令。

方法 2：

在“默认”功能区中单击“修改”面板中的“圆角”按钮。

方法 3：

在命令行中输入“F”命令后按 Enter 键。

命令行内容如下：

命令：FILLET

当前设置：模式=修剪，半径=0.0000

选择第一个对象或［放弃(U)/多段线(P)/半径(R)/修剪(T)/多个(M)］：R

指定圆角半径<0.0000>：(输入圆角半径)

选择第一个对象或［放弃(U)/多段线(P)/半径(R)/修剪(T)/多个(M)］：(选择第一条直线)

选择第二个对象，或按住 shift 键选择对象以应用角点或［半径(R)］：(选择第二条直线)

十一、多线编辑

绘制建筑平面图时，通常用多线绘制墙体。绘制完成后，均须对绘制的多线进行编辑。用户可以添加或编辑顶点，控制角点接头显示，或者通过编辑多线样式实现多线的编辑。多线编辑方法如下：

执行“修改”→“对象”→“多线”命令，系统将自动弹出“多线编辑工具”对话框，如图 1-39 所示。该对话框提供了 12 个编辑选项，用户可以利用这些选项对多线进行编辑。

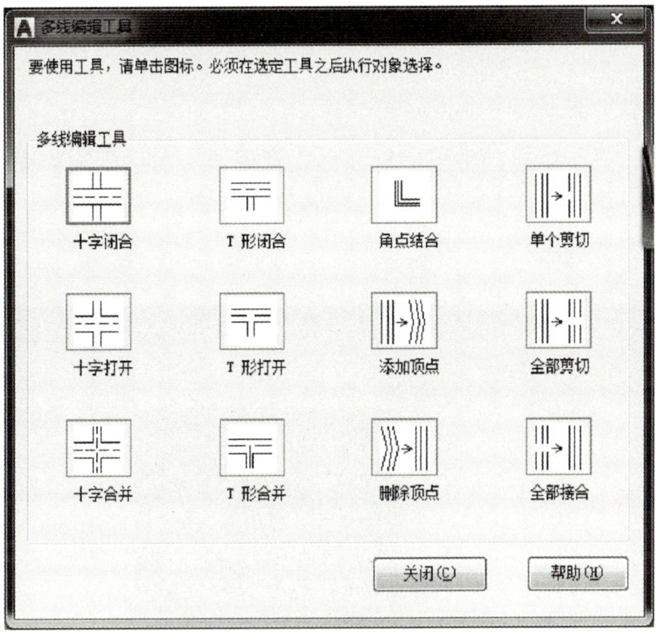

图 1-39　“多线编辑工具”对话框

任务五　尺寸标注和文字标注

尺寸标注知识拓展

一、尺寸标注样式的认识与创建

尺寸标注是建筑制图的重要组成部分，主要用于表达图形的尺寸大小和位置。一个完整的尺寸标注由标注文字、尺寸起止符号、尺寸界限及尺寸线组成，如图 1-40 所示。

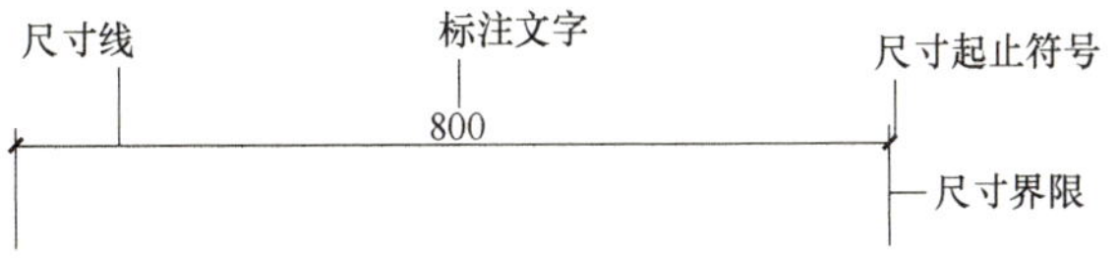

图 1-40　尺寸标注组成

通过“标注样式管理器”，用户可以对默认的尺寸标注样式进行修改，也可以新建尺寸标注，并可以对新建的尺寸标注进行删除处理。打开“标注样式管理器”的方法如下：

方法 1：

执行“标注”→“标注样式”命令。

方法 2：

执行“格式”→“标注样式”命令。

方法 3：

在“默认”功能区中单击“注释”面板中的“注释”按钮，在下拉列表中单击“标注样式”按钮。

方法 4：

在命令行中输入“D”命令后按 Enter 键。

执行上述任意操作，系统将自动弹出“标注样式管理器”对话框，如图 1-41 所示。系统将提供一个默认的标注样式“ISO-25”，用户可以通过该对话框对标注样式进行新建、修改、替代及比较等操作。

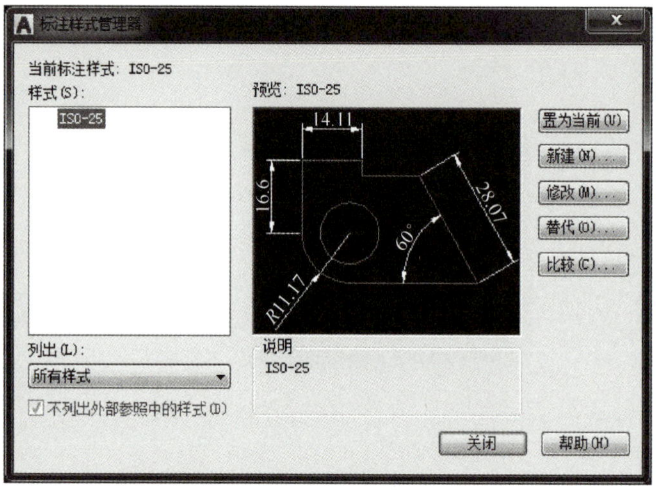

图 1-41 “标注样式管理器”对话框

1. 新建标注样式

单击“标注样式管理器”对话框中的“新建”按钮，系统将自动弹出“创建新标注样式”对话框，如图 1-42 所示。用户可以在该对话框的“新样式名”文本框中输入新样式名称；在“基础样式”下拉列表中选择新样式的基础样式；在“用于”下拉列表中选择使用类型。

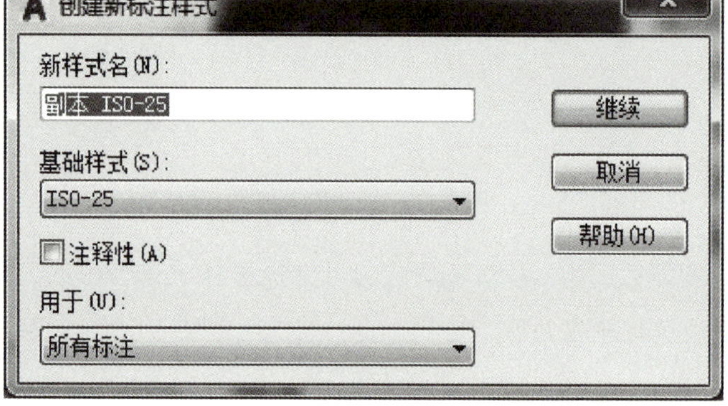

图 1-42 “创建新标注样式”对话框

单击“继续”按钮，系统将自动弹出“新建标注样式：副本 ISO-25”对话框，如图 1-43 所示。用户可以对线、符号和箭头、文字、调整、主单位、换算单位及公差等进行设置。

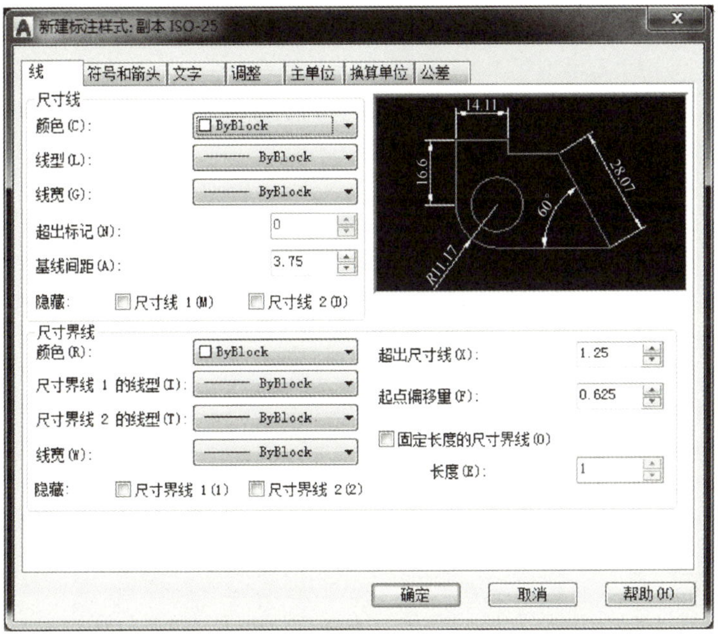

图 1-43 “新建标注样式：副本 ISO-25”对话框

2. 修改标注样式

单击“标注样式管理器”对话框中的“修改”按钮，系统将自动弹出“修改标注样式：ISO-25”对话框，如图 1-44 所示。用户可以对线、符号和箭头、文字、调整、主单位、换算单位及公差进行修改。

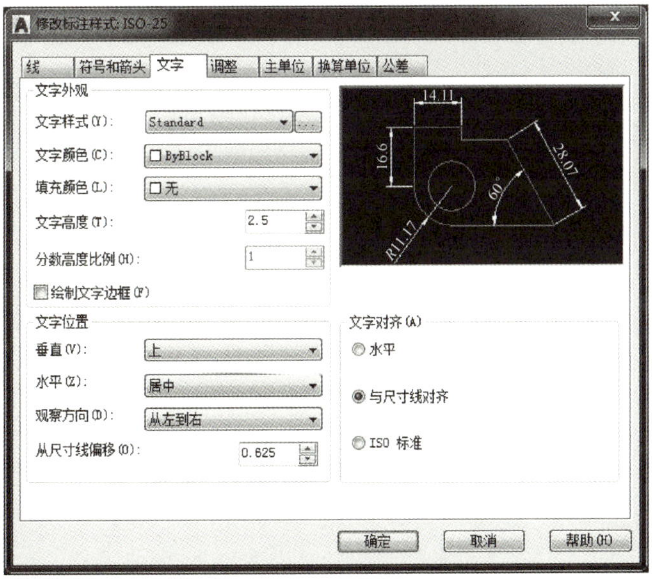

图 1-44 “修改标注样式：ISO-25”对话框

3. 删除或重命名标注样式

在“标注样式管理器”对话框中的“样式”列表中，选择要删除或重命名的样式，单击鼠标右键即可对其进行删除或重命名。

4. 比较标注样式

单击“标注样式管理器”对话框中的“比较”按钮，系统将自动弹出“比较标注样式”对话框，如图 1-45 所示。用户可以对不同的标注样式进行比较。

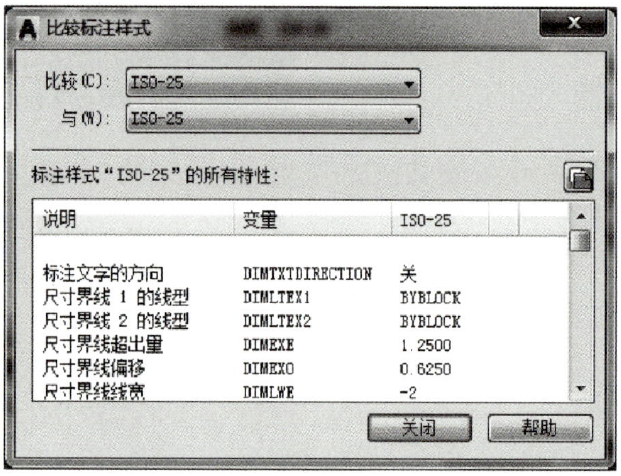

图 1-45 “比较标注样式”对话框

二、尺寸标注的类型

AutoCAD 提供了多种尺寸标注类型，如线性标注、对齐标注、弧长标注、坐标标注、半径标注、直径标注、圆心标记、角度标注、基线标注、连续标注、多重引线、快速标注等，用户可以根据需要选择相应的尺寸标注类型。

1. 线性标注

使用线性标注，可以对两点间的直线距离进行测量，可以水平、垂直、对齐或选择线性标注，如图 1-46 所示。线性标注方法如下：

图 1-46 线性标注

方法 1：

执行“标注”→“线性”命令。

方法 2：

在“注释”功能区中单击“标注”面板中的“线性”按钮⊢⊣。

方法 3：

在命令行中输入“DIM”命令后按 Enter 键。

命令行内容如下：

命令：_dimlinear

指定第一个尺寸界线原点或<选择对象>：（指定要标注对象的第一个尺寸界线原点）

指定第二个尺寸界线原点：（指定要标注对象的第二个尺寸界线原点）

指定尺寸线位置或

[多行文字(M)/文字(T)/角度(A)/水平(H)/垂直(V)/旋转(R)]：（用户可以直接指定尺寸线的位置或者根据需要选择其他模式，根据命令行提示进行操作）

2. 对齐标注

使用对齐标注，可以创建与指定位置或对象平行的标注，如图 1-47 所示。对齐标注方法如下：

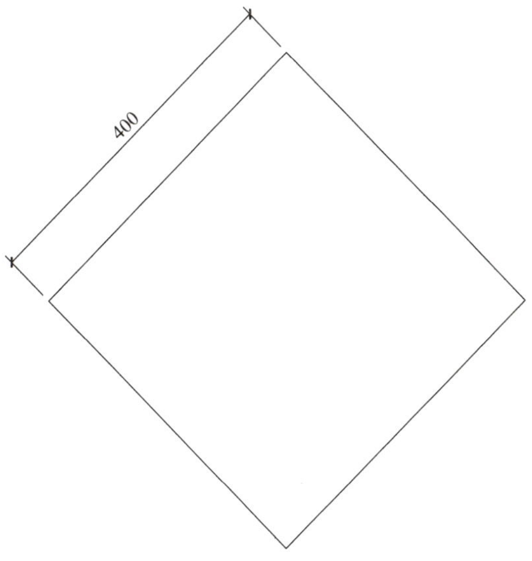

图 1-47　对齐标注

方法 1：

执行“标注”→“对齐”命令。

方法 2：

在“注释”功能区中单击“标注”面板中的“线性”按钮，在下拉列表中选择“对齐”按钮⟍。

方法 3：

在命令行中输入“DAL”命令后按 Enter 键。

命令行内容如下：

命令：_dimaligned

指定第一个尺寸界线原点或<选择对象>：(指定要标注对象的第一个尺寸界线原点)

指定第二个尺寸界线原点：(指定要标注对象的第二个尺寸界线原点)

指定尺寸线位置或

[多行文字(M)/文字(T)/角度(A)]：T(用户可以直接指定尺寸线的位置或者根据需要选择其他模式,根据命令行的提示进行操作)

输入标注文字：400

3. 弧长标注

使用弧长标注，可以测量圆弧弧长或角度，如图 1-48 所示。弧长标注方法如下：

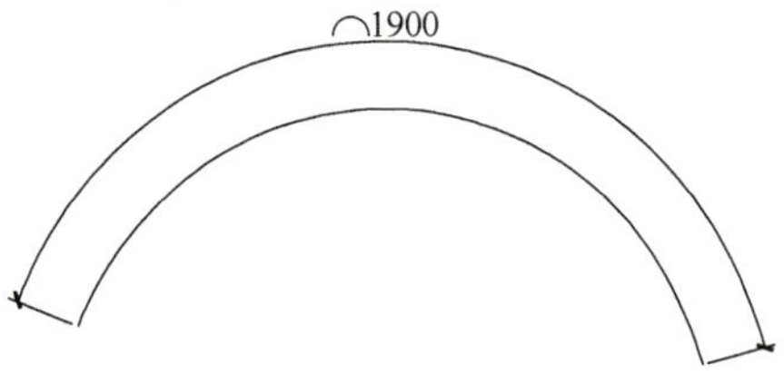

图 1-48 弧长标注

方法 1：

执行“标注”→“弧长”命令。

方法 2：

在“注释”功能区中单击“标注”面板中的“线性”按钮，在下拉列表中选择“弧长”按钮。

方法 3：

在命令行中输入“DIMARC”命令后按 Enter 键。

命令行内容如下：

命令：DIMARC

选择弧线段或多段线圆弧段：(选择要标注的对象)

指定弧长标注位置或[多行文字(M)/文字(T)/角度(A)/部分(P)/引线(L)]：(用户可以直接指定尺寸线的位置或者根据需要选择其他模式,根据命令行的提示进行操作)

4. 坐标标注

坐标由 X 坐标或 Y 坐标和引线组成，使用坐标标注，可以标注指定点的坐标，如图 1-49 所示。坐标标注方法如下：

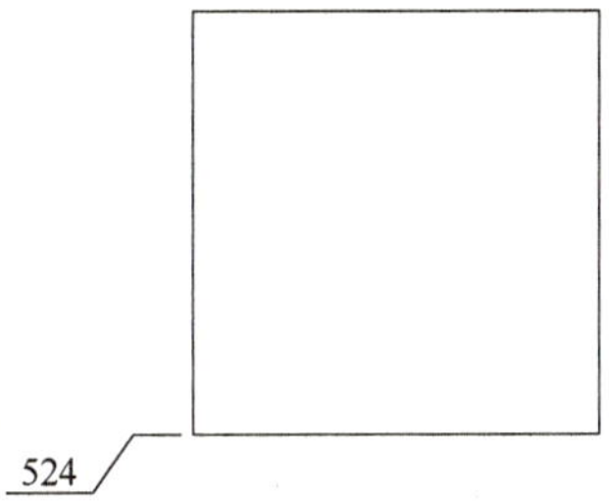

图 1-49　坐标标注

方法 1：

执行“标注”→“坐标”命令。

方法 2：

在“注释”功能区中单击“标注”面板中的“线性”按钮，在下拉列表中选择“坐标”按钮。

方法 3：

在命令行中输入“DOR”命令后按 Enter 键。

命令行内容如下：

命令：_dimordinate

指定点坐标：（指定要标注的点）

指定引线端点或[X 基准(X)/Y 基准(Y)/多行文字(M)/文字(T)/角度(A)]：（用户可以直接指定引线端点或者根据需要选择其他模式，根据命令行的提示进行操作）

5. 半径标注

使用半径标注，可以标注图形中的圆或圆弧半径尺寸，如图 1-50 所示。半径标注方法如下：

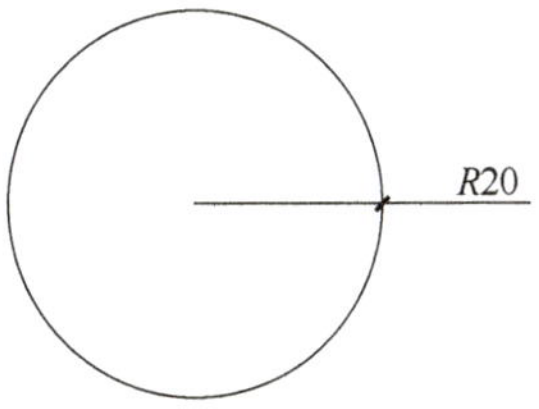

图 1-50　半径标注

方法 1：

执行“标注”→“半径”命令。

方法 2：

在“注释”功能区中单击“标注”面板中的“线性”按钮，在下拉列表中选择“半径”按钮。

方法 3：

在命令行中输入“DRA”命令后按 Enter 键。

命令行内容如下：

命令:DRA

DIMRADIUS

选择圆弧或圆:(选择要标注的对象)

标注文字=20

指定尺寸线位置或[多行文字(M)/文字(T)/角度(A)]:(用户可以直接指定尺寸线位置或者根据需要选择其他模式,根据命令行的提示进行操作)

6. 直径标注

使用直径标注，可以标注图形中的圆或圆弧直径尺寸，如图 1-51 所示。直径标注方法如下：

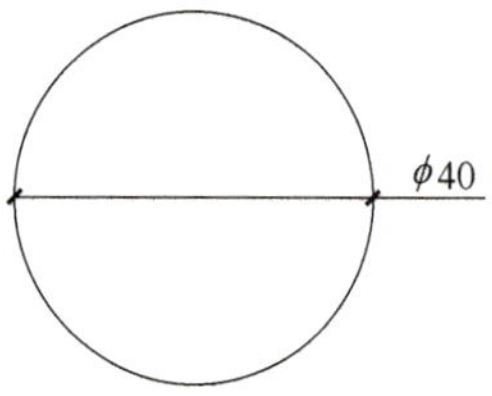

图 1-51　直径标注

方法 1：

执行“标注”→“直径”命令。

方法 2：

在“注释”功能区中单击“标注”面板中的“线性”按钮，在下拉列表中选择“直径”按钮⃠。

方法 3：

在命令行中输入“DDI”命令后按 Enter 键。

命令行内容如下：

命令:DDI

DIMDIAMETER

选择圆弧或圆:(选择要标注的对象)

标注文字=40

指定尺寸线位置或[多行文字(M)/文字(T)/角度(A)]:(用户可以直接指定尺寸线位置或者根据需要选择其他模式,根据命令行的提示进行操作)

7. 圆心标记

使用圆心标记，可以标注图形中的圆或圆弧的圆心，如图 1-52 所示。圆心标记方法如下：

方法 1：

执行“标注”→“圆心标记”命令。

方法 2：

在“注释”功能区中单击“标注”面板中的“圆心标记”按钮⊕。

方法 3：

在命令行中输入“DIMCENTER”命令后按 Enter 键。

命令行内容如下：

命令：_dimcenter

选择圆弧或圆：(选择要标注的对象完成操作)

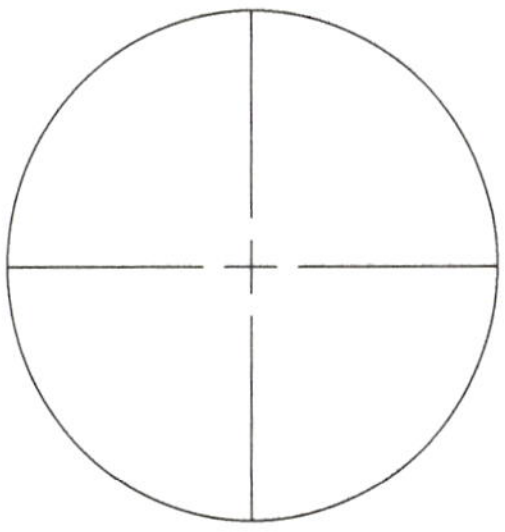

图 1-52　圆心标记

8. 角度标注

使用角度标注，可以测量圆、圆弧或两条线段的夹角，如图 1-53 所示。角度标注方法如下：

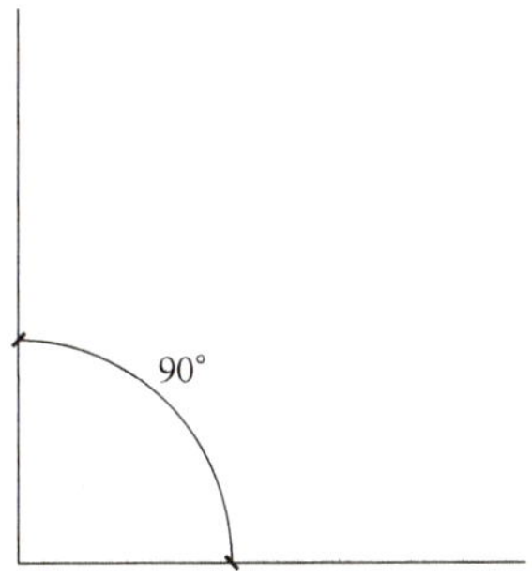

图 1-53　角度标注

方法 1：

执行“标注”→“角度”命令。

方法 2：

在“注释”功能区中单击“标注”面板中的“线性”按钮，在下拉列表中选择“角度”按钮△。

方法 3：

在命令行中输入“DAN”命令后按 Enter 键。

命令行内容如下：

命令：DAN

DIMANGULAR

选择圆弧、圆、直线或<指定顶点>:(以直线为例,选择一条直线)

选择第二条直线:(选择第二条直线)

指定标注弧线位置或[多行文字(M)/文字(T)/角度(A)/象限点(Q)]:(用户可以直接指定标注弧线位置或者根据需要选择其他模式,根据命令行的提示进行操作)

标注文字=90

9. 基线标注

使用基线标注，以某一个尺寸标注的第一条尺寸界线为基线，创建另一个尺寸标注，如图 1-54 所示。基线标注方法如下：

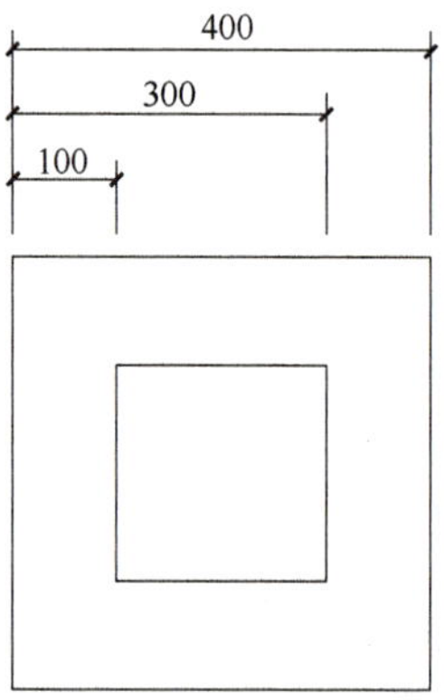

图 1-54　基线标注

方法 1：

执行“标注”→“基线”命令。

方法 2：

在“注释”功能区中单击“连续”右侧的倒三角按钮，在下拉列表中选择“基线”按钮。

方法 3：

在命令行中输入“DBA”命令后按 Enter 键。

命令行内容如下：

命令:DBA

DIMBASELINE

指定第二个尺寸界线原点或[选择(S)/放弃(U)]:(指定第二个尺寸界线原点)

选择第二条直线:(选择第二条直线)

标注文字=300

指定第二个尺寸界线原点或[选择(S)/放弃(U)]<选择>:(指定第三个尺寸界线原点,如此循环操作,按 ESC 键结束命令)

注意：在进行基线标注之前，必须先创建一个尺寸标注作为基准标注，并应先设置基线间距，避免出现尺寸线覆盖状况。

10. 连续标注

使用连续标注，可以创建一系列首尾相连放置的标注，如图 1-55 所示。连续标注方法如下：

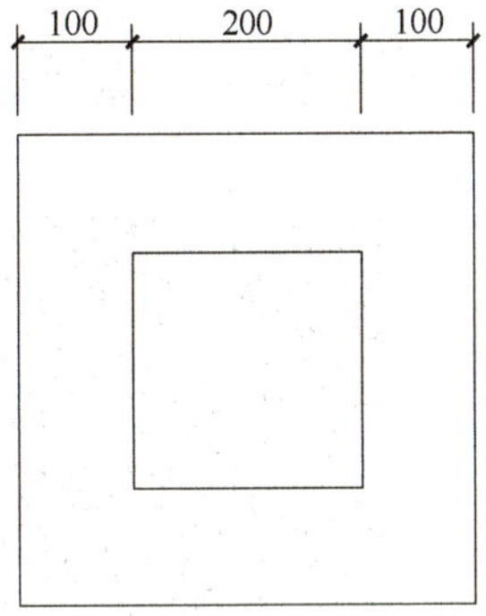

图 1-55 连续标注

方法 1：

执行“标注”→“连续”命令。

方法 2：

在“注释”功能区中单击“连续”按钮。

方法 3：

在命令行中输入“DCO”命令后按 Enter 键。

命令行内容如下：

命令:DCO

DIMCONTINUE

指定第二个尺寸界线原点或[选择(S)/放弃(U)]<选择>:(指定第二个尺寸界线原点)

选择第二条直线:(选择第二条直线)

标注文字=100

指定第二个尺寸界线原点或[选择(S)/放弃(U)]<选择>:(指定第三个尺寸界线原点,如此循环操作,按 ESC 键结束命令)

注意：与基线标注相同，在进行连续标注之前，必须先创建一个尺寸标注。

11. 多重引线

使用多重引线，可以创建一个或多个引线、多种格式的标注文字、旁注以及说明文字等，如图 1-56 所示。在使用多重引线之前，要对“多重引线样式管理器”进行设置。在“注释”功能区

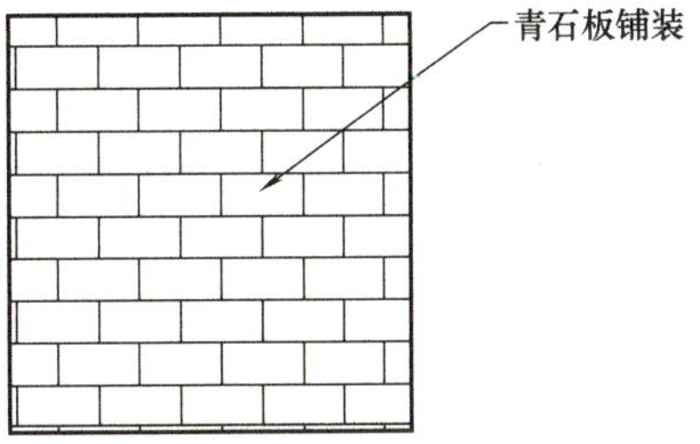

图 1-56 多重引线

中单击“引线”面板右下角按钮，系统将自动弹出“多重引线样式管理器”对话框，如图 1-57 所示。用户可以通过该对话框新建或修改多重引线样式。多重引线标注方法如下：

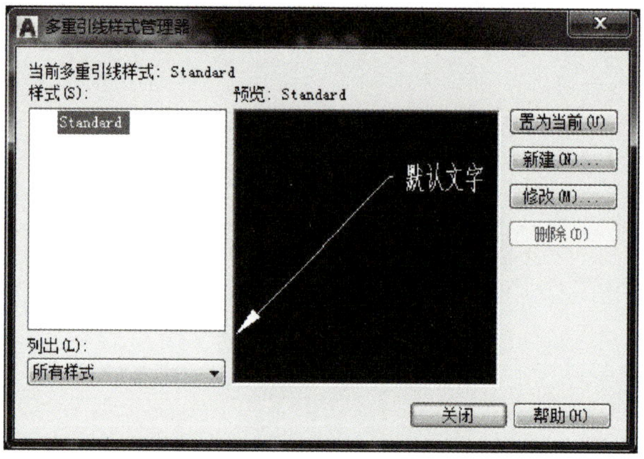

图 1-57 “多重引线样式管理器”对话框

方法 1：

执行“标注”→“多重引线”命令。

方法 2：

在“注释”功能区中单击“引线”面板中的“多重引线”按钮。

方法 3：

在命令行中输入“MLEADER”命令后按 Enter 键。

命令行内容如下：

命令：_mleader

指定引线箭头的位置或[引线基线优先(L)/内容优先(C)/选项(O)]<选项>：(指定引线箭头位置)

指定引线基线的位置：(指定引线基线位置后输入文字说明，在绘图区单击鼠标左键完成操作)

12. 快速标注

使用快速标注，可以一次性选择多个对象，自动生成尺寸标注，如图 1-58 所示。快速标注方法如下：

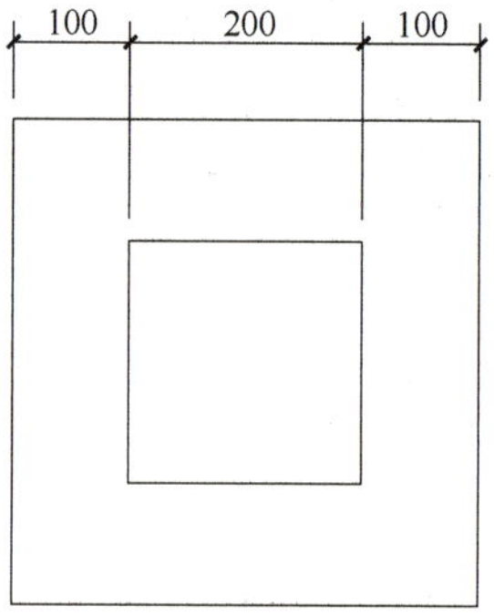

图 1-58 快速标注

方法 1：

执行“标注”→“快速标注”命令。

方法 2：

在“注释”功能区中单击“标注”面板中的“快速标注”按钮。

方法 3：

在命令行中输入“QDIM”命令后按 Enter 键。

命令行内容如下：

命令：QDIM

关联标注优先级＝端点

选择要标注的几何图形：(选择要标注的第一个对象)

选择要标注的几何图形：找到 1 个

选择要标注的几何图形：(选择要标注的第二个对象，按 Enter 键)

指定尺寸线位置或[连续(C)/并列(S)/基线(B)/坐标(O)/半径(R)/直径(D)/基准点(P)/编辑(E)/设置(T)]<连续>：(用户可以直接指定尺寸线位置或者根据需要选择其他模式，根据命令行的提示进行操作)

三、编辑尺寸标注

完成标注绘制后，用户可以对标注对象的文字、样式及位置等内容进行编辑，无须重新绘制。

1. 编辑标注

使用编辑标注，可以对标注对象的文字及尺寸界线等进行修改。在命令行中输入“DED”命令后按 Enter 键即可执行。

命令行内容如下：

命令：DED

DIMEDIT

输入标注编辑类型[默认(H)/新建(N)/旋转(R)/倾斜(O)]<默认>：(用户可以自行选择编辑类型，根据命令行的提示进行操作，此处以旋转为例)

指定标注文字的角度：(输入角度值)

选择对象：(选择要编辑的对象)

选择对象：找到 1 个

选择对象：(按 Enter 键完成操作)

2. 编辑标注文字的位置

使用编辑标注文字，可以调整标注文字的位置或放置文字标注。编辑标注文字位置的方法如下：

方法 1：

执行“标注”→“对齐文字”命令。

方法 2：

在命令行中输入“DIMTEDIT”命令后按 Enter 键。

命令行内容如下：

命令：DIMTEDIT

选择标注：(选择要编辑的对象)

为标注文字指定新位置或[左对齐(L)/右对齐(R)/居中(C)/默认(H)/角度(A)]：(用户可以指定标注的新位置或自行选择编辑类型，根据命令行的提示进行操作)

3. 替代标注

使用替代标注，可以临时修改尺寸标注的系统变量，并按照该设置修改尺寸标注。在“标注样式管理器”对话框中，单击“替代”按钮，打开“替代当前样式：ISO-25”对话框，如图 1-59 所示。用户可以对对话框所需的参数进行设置，单击“确定”按钮完成设置。返回“标注样式管理器”对话框，在“样式”列表中将显示“样式替代”，如图 1-60 所示。

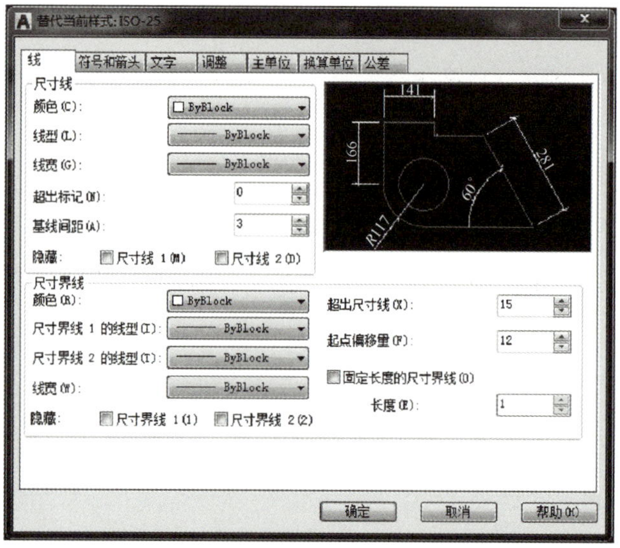

图 1-59 “替代当前样式：ISO-25”对话框

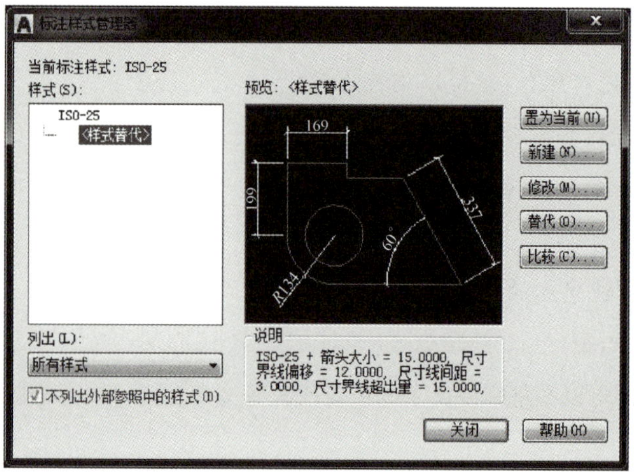

图 1-60 “样式替代”

4. 更新标注

使用更新标注，可以将已标注的尺寸更新为当前标注样式。更新标注方法如下：

方法 1：

执行“标注”→“更新”命令。

方法 2：

在“注释”功能区中单击“标注”面板中的“更新”按钮。

命令行内容如下：

[注释性(AN)/保存(S)/恢复(R)/状态(ST)/变量(V)/应用(A)/?]<恢复>:_apply

选择对象:(选择要标注的对象)

选择对象:找到 1 个

选择对象:(按 Enter 键完成操作)

5. 使用“特性”选项板修改尺寸标注

通过“特性”选项板，可以对标注进行快速修改。选择修改对象，单击鼠标右键，在下拉列表中单击“特性”，系统将自动弹出“特性”选项板，如图 1-61 所示。用户可以直接对该选项板的参数进行设置。

图 1-61 “特性”选项板

文字标注知识拓展

四、文字标注

1. 文字样式

在进行文字标注之前，要对文字标注样式进行设置。文字样式决定了文字的外观形状，用户可以通过“文字样式”对话框对文字样式进行设置。设置方法如下：

方法1：

执行“格式”→“文字样式”命令。

方法2：

在“注释”功能区中单击“文字”面板右下角按钮。

方法3：

在“默认”功能区中单击“注释”面板，在下拉列表中选择“文字样式”按钮。

方法4：

在命令行中输入“ST”命令后按Enter键。

执行上述任意操作，系统将自动弹出“文字样式”对话框，如图1-62所示。用户可以通过该对话框创建新的文字样式，也可以对已有的文字样式进行编辑。单击“新建”按钮，系统将自动弹出“新建文字样式”对话框，如图1-63所示。用户可以在“样式名”文本框中输入新的样式名。单击“确定”按钮返回“文字样式”对话框，如图1-64所示，在“样式”列表中显示新建的样式名称“样式1”，即可对新建样式的字体、大小及效果进行设置。

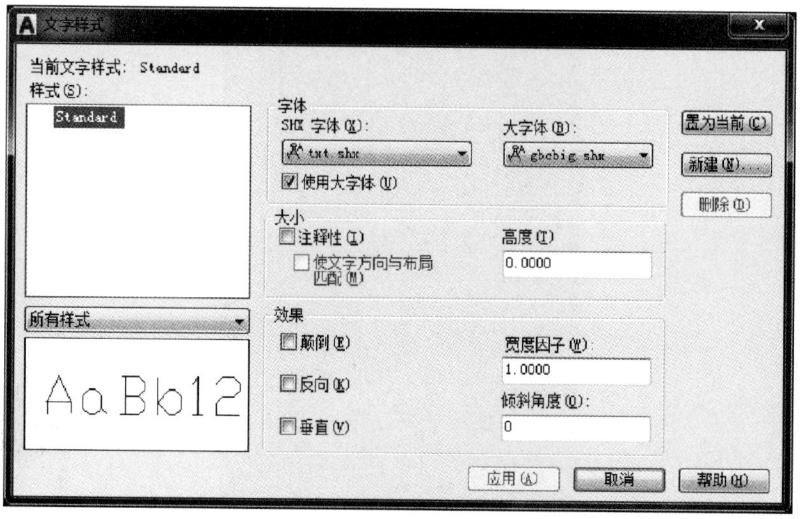

图1-62 “文字样式”对话框

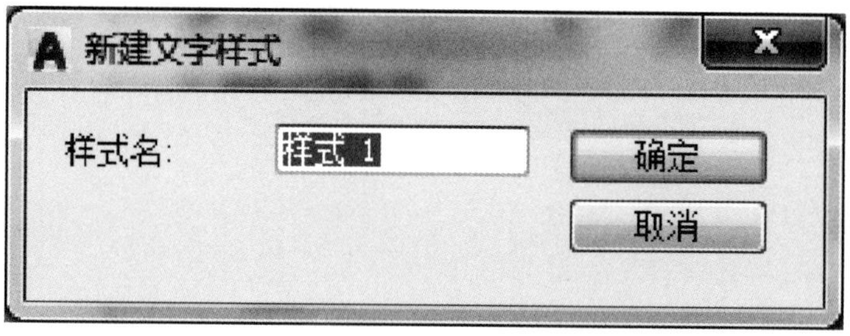

图1-63 “新建文字样式”对话框

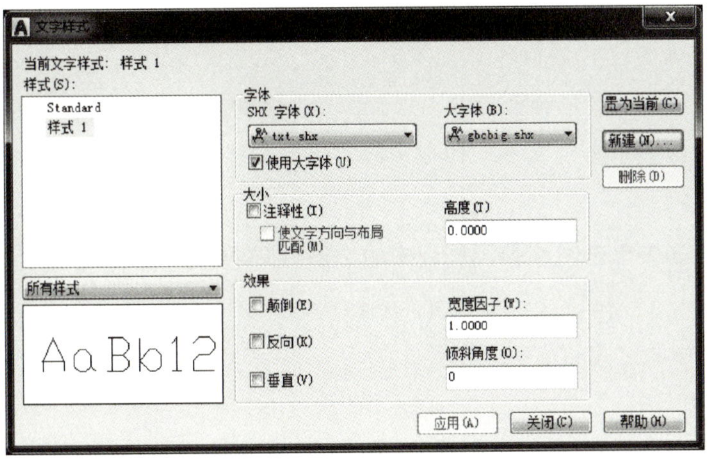

图 1-64　“样式 1”

2. 单行文字标注

通过“单行文字”命令，可以创建一行或多行文字，并且可以对每个文字对象进行单独修改。创建单行文字时，需要先设置好文字样式。单行文字标注方法如下：

方法 1：

执行“绘图”→“文字”→“单行文字”命令。

方法 2：

在“注释”功能区中单击“文字”面板中的“多行文字”按钮，在下拉列表中选择“单行文字”按钮A。

方法 3：

在“默认”功能区中单击“注释”面板中的“文字”按钮，在下拉列表中选择“单行文字”按钮A。

方法 4：

在命令行中输入“TEXT”命令后按 Enter 键。

命令行内容如下：

命令：TEXT

当前文字样式：

指定文字的起点或[对正(J)/样式(S)]：(指定文字起点或自行选择模式，根据命令行的提示进行操作)

指定高度：(指定文字的高度)

指定文字旋转角度：(输入文字的旋转角度，然后输入文字即可)

3. 多行文字标注

通过“多行文字”命令，可以创建一个或多个文字段落，并且各行文字都是一个整体。创建多行文字时，需要先指定文字边框的对角点。多行文字标注方法如下：

方法 1：

执行“绘图”→“文字”→“多行文字”命令。

方法 2：

在“注释”功能区中单击“文字”面板中的“多行文字”按钮A。

方法 3：

在“默认”功能区中单击“注释”面板中的“多行文字”按钮A。

方法 4：

单击绘图工具栏中的“多行文字”按钮A。

方法 5：

在命令行中输入“T”命令后按 Enter 键。

命令行内容如下：

命令：T

MTEXT

当前文字样式：

指定第一角点：(在绘图区指定第一点)

指定对角点或[高度(H)/对正(J)/行距(L)/旋转(R)/样式(S)/宽度(W)/栏(C)]：(指定对角点或自行选择模式，根据命令行提示进行操作，然后输入文字即可)

五、编辑文字标注

1. 文字标注编辑

创建完成文字标注后，用户可以通过文字标注编辑对其内容、特性、位置等进行修改。文字标注编辑方法如下：

方法 1：

执行“修改”→“对象”→“文字”→“编辑”命令。

方法 2：

双击文字进行标注编辑。

方法 3：

在命令行中输入“DDEDIT”命令后按 Enter 键。

命令行内容如下：

命令：DDEDIT

当前设置：编辑模式 = Multiple

选择注释对象或[放弃(U)/模式(M)]：(选择要编辑的文字即可进行修改)

执行上述任意操作，选择编辑多行文字标注时，系统将自动打开“文字编辑器”选项卡，如图 1-65 所示。用户可以通过“文字编辑器”选项卡对多行文字进行字体属性设置。

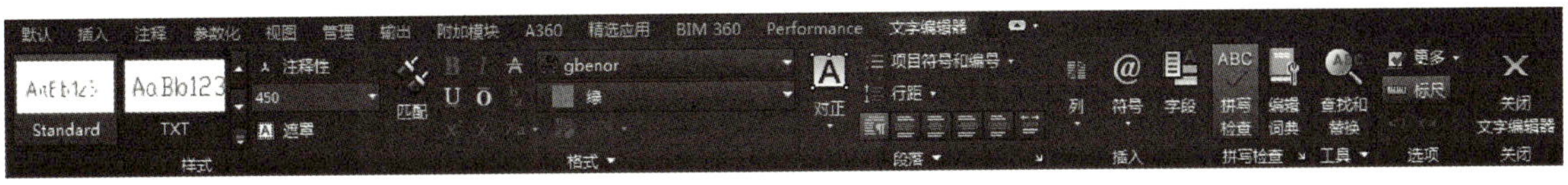

图 1-65 “文字编辑器”选项卡

2. 查找和替换文本

通过查找和替换功能，可以实现对一段文字中的一部分文字的快速查找和替换。查找和替换方法如下：

方法 1：

执行“编辑”→“查找和替换”命令。

方法 2：

在命令行中输入“FIND”命令后按 Enter 键。

执行上述任意操作，系统将自动弹出“查找和替换”对话框，如图 1-66 所示。用户可以在“查找内容”文本框中输入或显示选择的文字，然后将替换文字输入“替换为”文本框中进行替换处理。

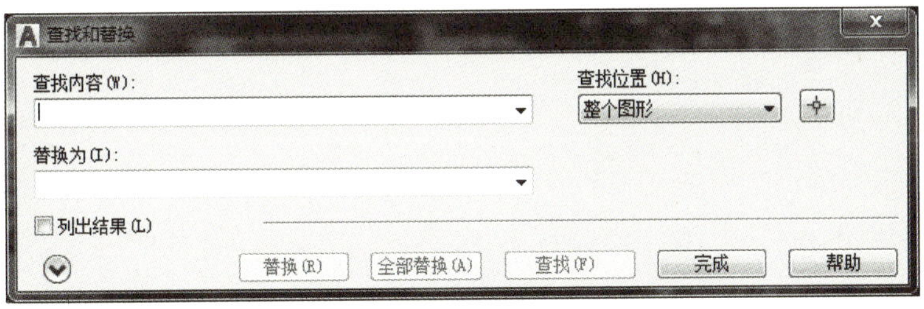

图 1-66 “查找和替换”对话框

项目二

卧室平面图绘制

目标任务及活动设计

教学目标

最终目标：

1. 掌握卧室平面图的基本绘制技能，能够独立绘制出符合设计规范的卧室平面图。

2. 理解卧室空间设计的基本原则和要素，包括功能分区、家具布局、流线设计等。

3. 提升空间想象力与创造力，通过绘制卧室平面图，培养空间感知能力和创新设计思维。

促成目标：

1. 熟悉绘图工具和软件操作，如 AutoCAD、 SketchUp 等，能够熟练使用相关工具进行图纸绘制。

2. 掌握比例尺和尺寸标注的方法，能够在图纸上准确表达实际尺寸和比例关系。

3. 了解室内设计基础理论，包括色彩搭配、材料选择、照明设计等。

4. 培养细致观察和分析能力，通过案例分析和实践练习，提高对空间细节的关注度和处理能力。

工作任务

根据给定的卧室尺寸和设计要求，绘制出完整的卧室平面图，包括家具布置、门窗位置、尺寸标注等。

主要实践知识

1. 绘图技巧与规范。学习如何正确使用绘图工具，遵循建筑设计的制图规范。

2. 空间规划与布局。理解卧室空间的功能需求，学会合理规划空间布局。

3. 材料与色彩应用。了解不同材料的特性和适用场景。

主要理论知识

1. 软件操作的技巧方法与步骤。

2. 命令输入的重要性和步骤。

任务一　绘制原始平面图

本项目以一幢别墅的室内卧室装饰施工图为例，系统介绍利用 AutoCAD 软件绘制施工图的方法。进行室内装饰施工前，设计师需要将房型结构、空间关系、房间尺寸等用图纸表现出来，即绘制原始平面图。本任务主要介绍原始平面图的绘制方法和过程，卧室样例如图 2-1 所示。

图 2-1　卧室样例图

一、绘制中轴线

绘制墙体前，需要先绘制中轴线，从而进行准确定位。中轴线绘制步骤如下：

① 启动 AutoCAD 软件，新建一个图形文件。

② 新建中轴线图层，设置轴线颜色、线型、线型比例，将“中轴线”图层置为当前图层，将中轴线图层颜色设置为 45 号，如图 2-2 所示；修改线型比例为“50.0000”，如图 2-3 所示。

③ 开启“正交模式”。单击状态栏中的“正交模式”按钮 （快捷键“F8”），开启正交模式，准备制作水平和垂直的直线。

④ 在“默认”功能区中单击“绘图”面板中的“直线”按钮 （快捷键“XL”），在绘图区绘制两条垂直的直线（中轴线），如图 2-4 所示。

⑤ 在“默认”功能区中单击“修改”面板中的“偏移”按钮（快捷键“O”），选择垂直方向的中轴线，连续向 X 轴正方向偏移 820mm、780mm、1000mm、800mm；选择水平方向的中轴线，连续向 Y 轴负方向偏移 4900mm、1900mm。对偏移的中轴线进行夹点编辑（选择线段上的特征点，进行拉伸、旋转、复制、镜像等操作）确定墙体位置，偏移后的中轴线如图 2-5 所示。

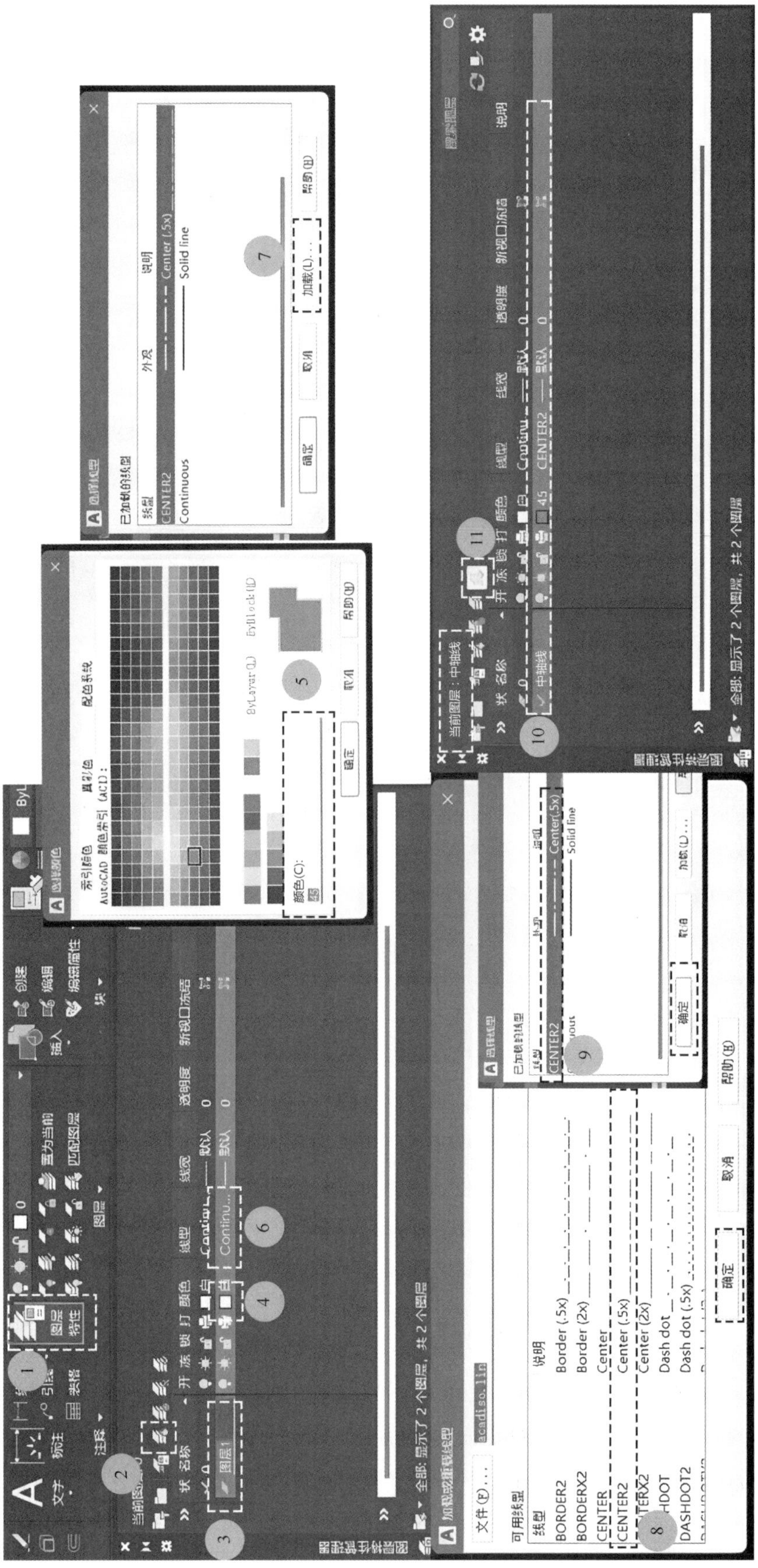

图 2-2　图层编辑设置

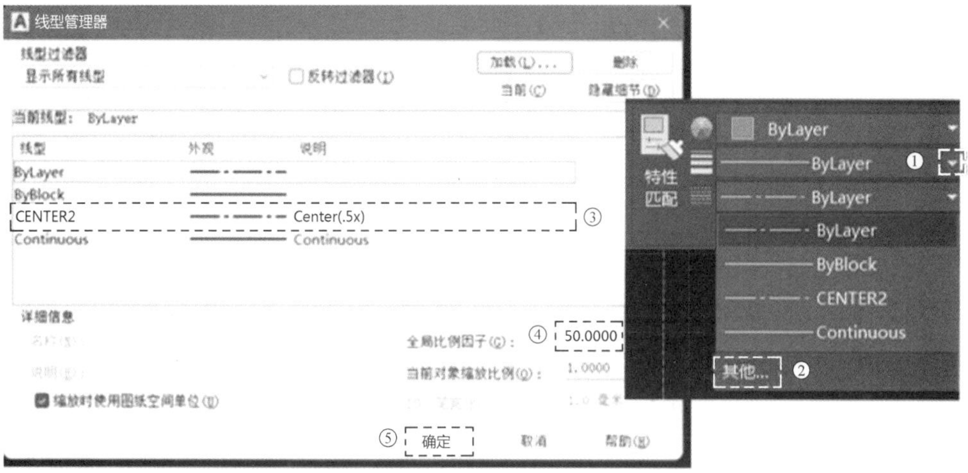

图 2-3 线型编辑设置

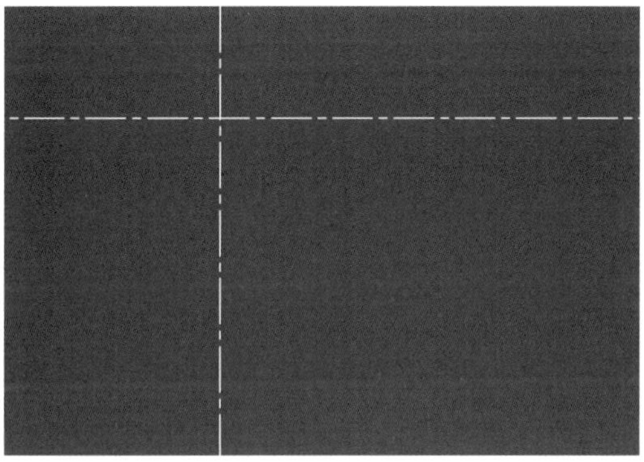

图 2-4 绘制中轴线

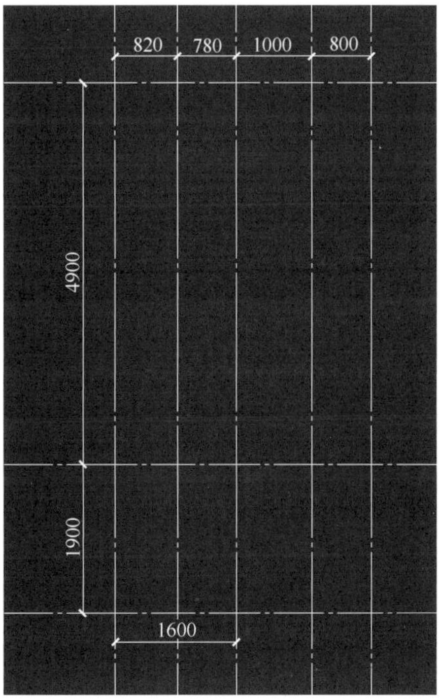

图 2-5 偏移后的中轴线

二、绘制墙体

在 AutoCAD 软件中，有两种方法绘制墙线，一种是通过“直线”命令绘制出墙体的一侧直线，再用“偏移”命令绘制另外一条直线；另一种是通过“多线”命令绘制墙体，然后编辑多线，在多线相交处通过“MLEDIT”命令整理墙体的交线，然后在墙体中添加门窗洞。本例采用第二种方法绘制墙线，具体步骤如下：

① 新建“原始建筑墙体”图层，颜色设置为 6 号洋红色，将其置为当前图层，如图 2-6 所示。

图 2-6　图层设置

② 如图 2-7 所示，执行“格式”→“多线样式”命令，在弹出的“多线样式”对话框中单击“新建”按钮，打开“创建新的多线样式”对话框。在“新样式名”文本框中输入样式名“墙”，单击“继续”按钮，弹出如图 2-8 所示的对话框，在“图元”选项组中，将偏移量分别修改为“100”“-100”，以创建 200mm 厚的墙体多线样式。将创建的多线样式置为当前样式。

③ 执行“绘图”→“多线”命令 多线(U)（快捷键“ML”），设置“对正 = 无，比例 = 1，样式 = 墙”，捕捉轴网交点，绘制如图 2-9 所示的别墅墙体。

④ 在“默认”功能区中单击“修改”面板中的“分解”按钮（快捷键“X”），分解多线并修剪（修剪，快捷键“TR”）多余的线段，结果如图 2-10 所示。

图 2-7　多线样式设置（一）

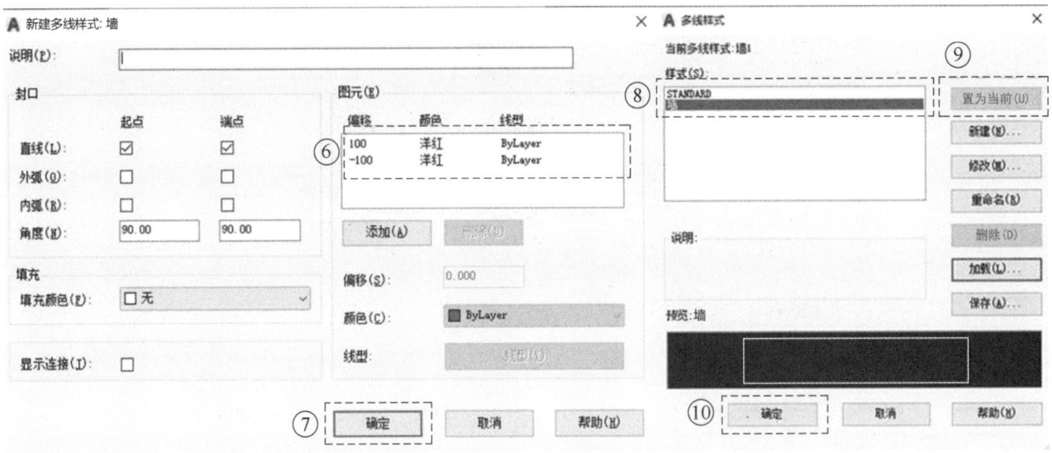

图 2-8　多线样式设置（二）

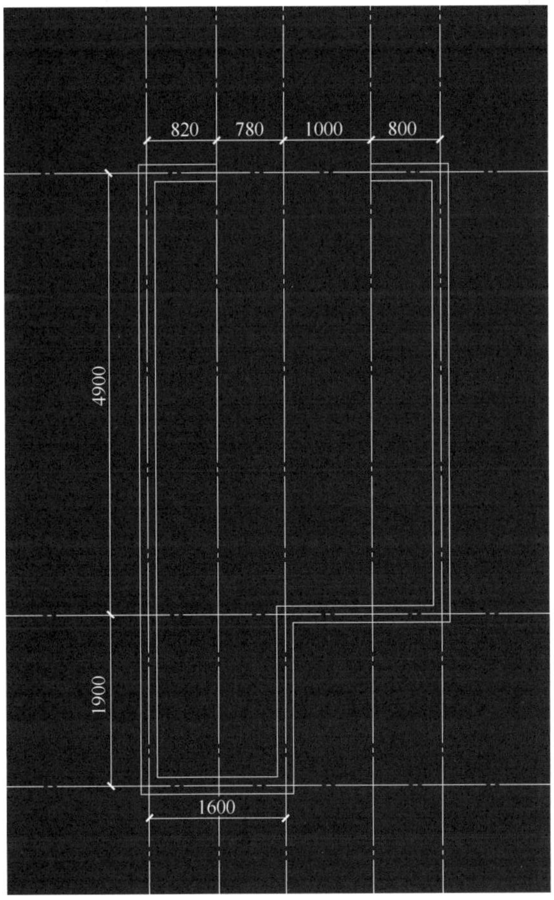

图 2-9　别墅墙体

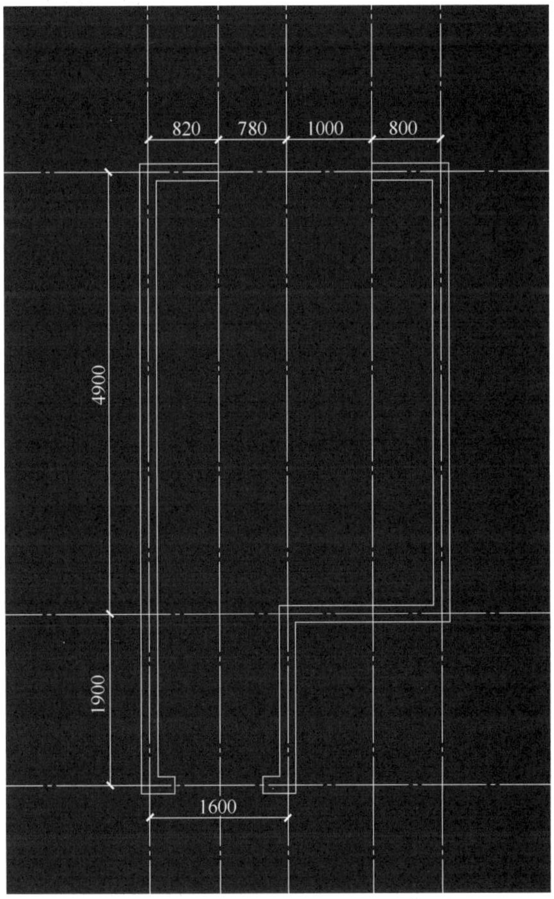

图 2-10　分解、修剪后的墙体

⑤ 将墙线定义成块（快捷键“B”），方便后期在参照编辑中修改，保证作图的稳定性，减少不必要的操作。

⑥ 框选所有中轴线，输入快捷命令“B”后按 Enter 键进入“块定义”对话框，如图 2-11 所示。编辑块名称为“墙体”，完成块定义。

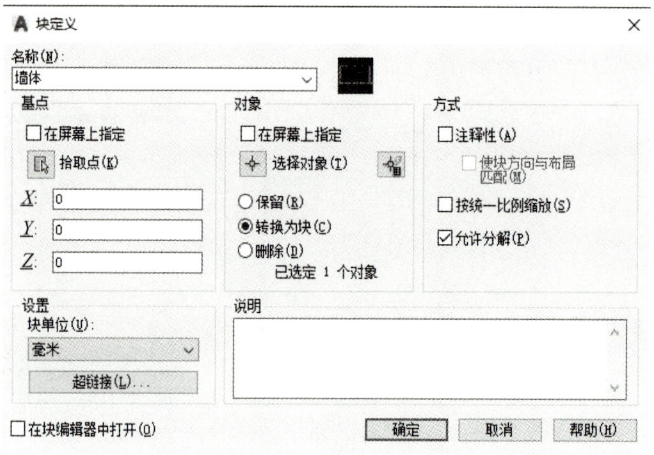

图 2-11 “块定义”对话框

⑦ 选中墙线，单击“参照编辑”中的“在位参照编辑”按钮，单击参照名为“墙体”的对象，进入“参照编辑”对话框，如图 2-12 所示。完成设置后即可进行下一步开门窗洞的操作。

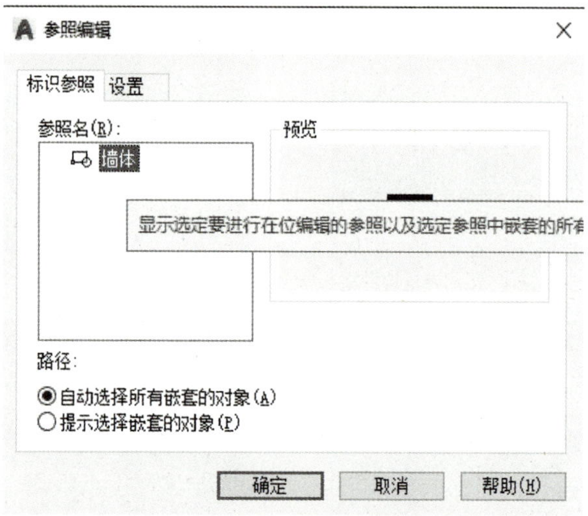

图 2-12 “参照编辑”对话框

三、开门窗洞

门洞和窗洞的尺寸及位置如图 2-13 所示。

开门窗洞的操作步骤如下：

① 如图 2-14 所示，隐藏“中轴线”图层，以方便后续操作。

② 在“默认”功能区中单击“绘图”面板中的“直线”按钮（快捷键“L”），捕捉墙体左上角端点，然后水平向右移动光标，输入窗洞距墙线的距离，按 Space 键，得到第一个端点，如图 2-15 所示。

③ 垂直向下移动光标，捕捉并单击下端墙线的垂足，确定第二个点，如图 2-16 所示。

④ 绘制完成的垂直线段如图 2-17 所示。

⑤ 在“默认”功能区中单击“修改”面板中的“偏移”按钮，将绘制的垂直线段向右偏移，偏移距离为窗洞的宽度 1780mm，偏移后得到窗洞右侧的直线，如图 2-18 所示。

⑥ 在“默认”功能区中单击“修改”面板中的“修剪”按钮，修剪两线段之间的墙线，得到窗洞，如图 2-19 所示。

⑦ 用相同的方法绘制门洞，绘制完成的门洞与窗洞如图 2-20 所示。

⑧ 完成门洞与窗洞的绘制后，单击“参照编辑”中的“保存参照编辑”按钮，完成墙体绘制。

⑨ 框选所有中轴线，输入快捷命令“B”后按 Enter 键，编辑块名称为“中轴线”，设置“拾取点”于墙线左下角，单击“确定”按钮完成块定义，如图 2-21 所示。

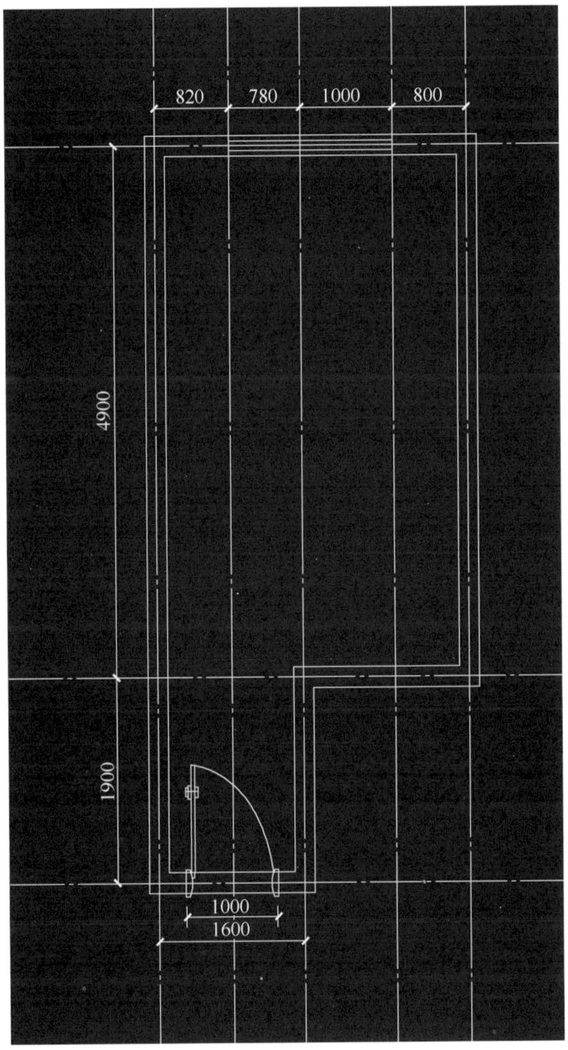

图 2-13　门洞和窗洞的尺寸及位置

图 2-14　隐藏“中轴线”图层

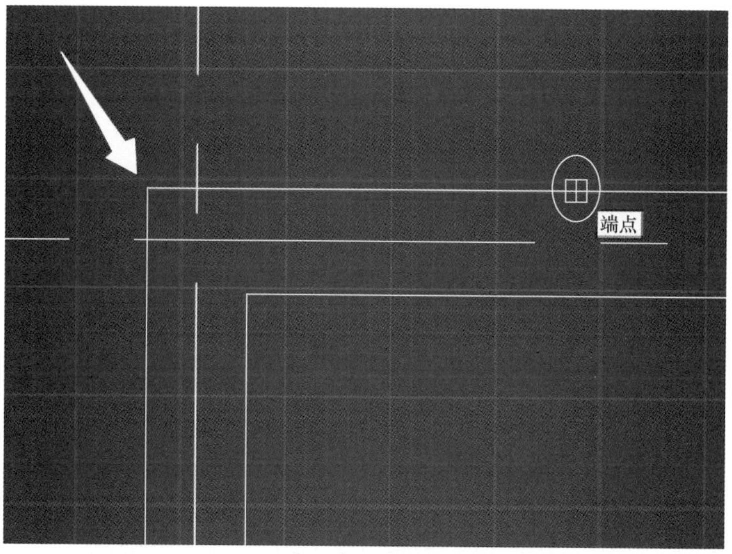

图 2-15　确定直线的第一个点

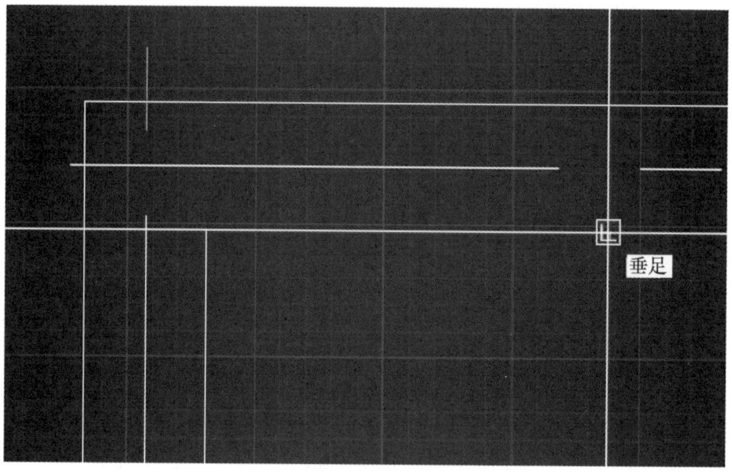

图 2-16　确定直线的第二个点

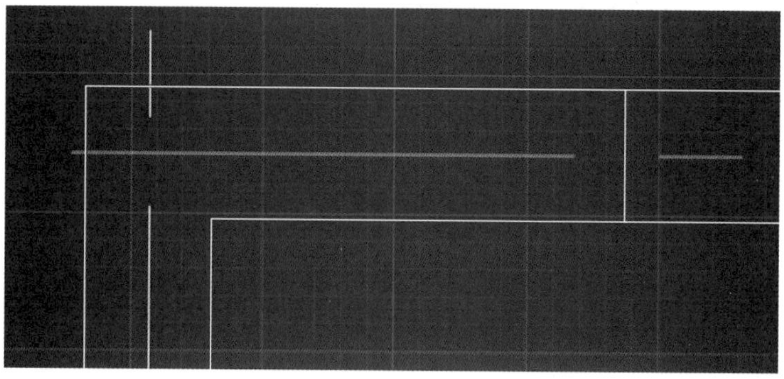

图 2-17　绘制完成的垂直线段

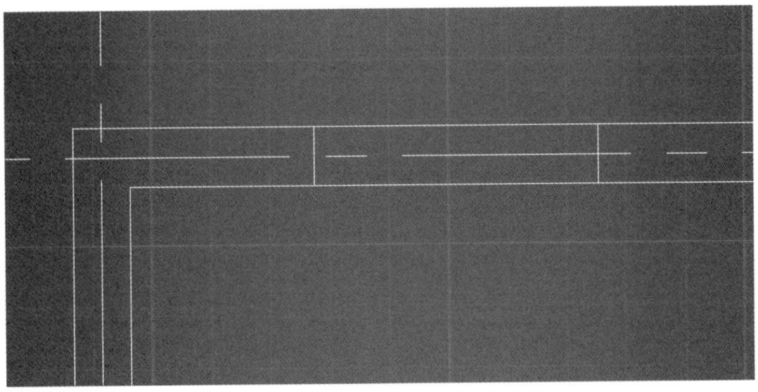

图 2-18　偏移直线

图 2-19　修剪墙线得到窗洞

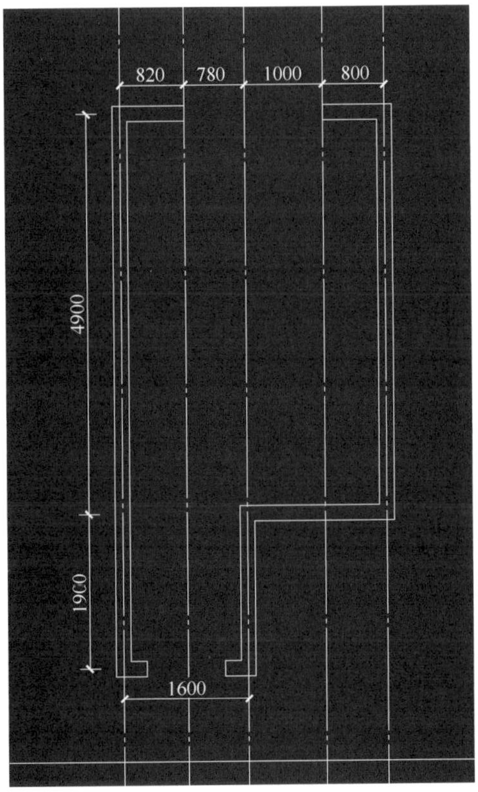

图 2-20　绘制完成的门洞与窗洞

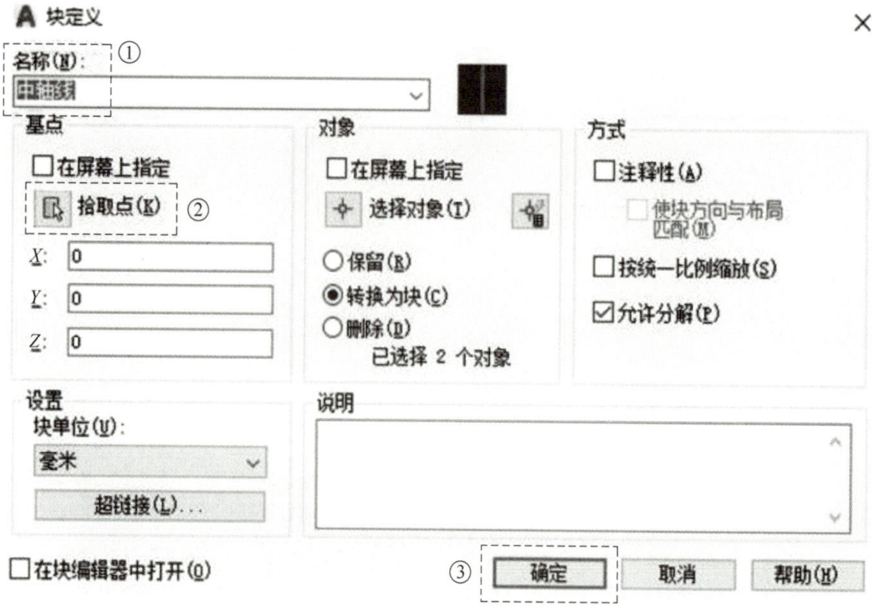

图 2-21　新建“中轴线”块定义

四、绘制门窗

1. 绘制窗

绘制窗的操作步骤如下：

① 新建“门窗”图层，设置颜色为洋红，并将其置为当前图层。

② 执行“格式”→“多线样式”命令，系统将自动弹出“新建多线样式”对话框。在“图元”选项组中，单击“添加”按钮两次，修改图元偏移数值，新建多线样式命名为“窗”，如图 2-22 所示。修改后，将该样式置为当前样式。

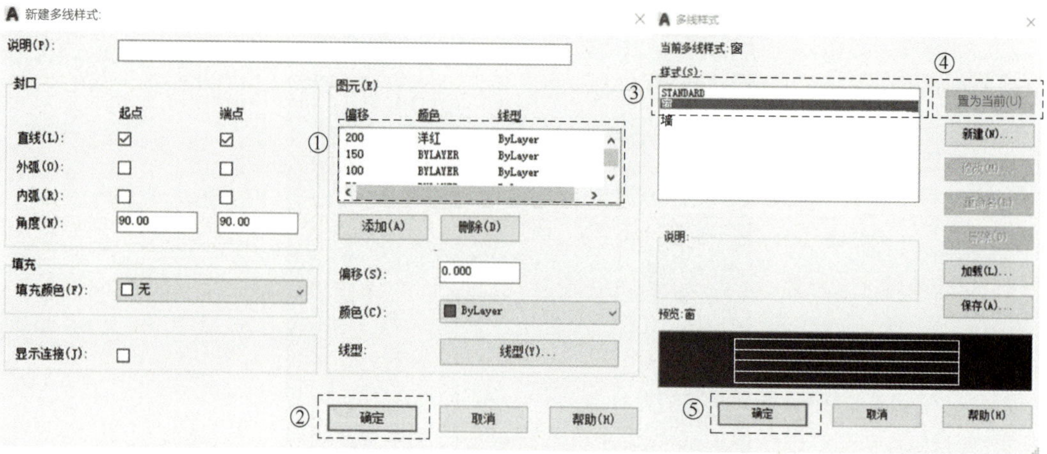

图 2-22　“新建多线样式”对话框

③ 用多线绘制窗户。执行“绘图”→“多线”命令，设置“对正 = 下，比例 = 1，样式 = 窗”，捕捉窗洞的端点，绘制如图 2-23 所示的别墅室内窗户。

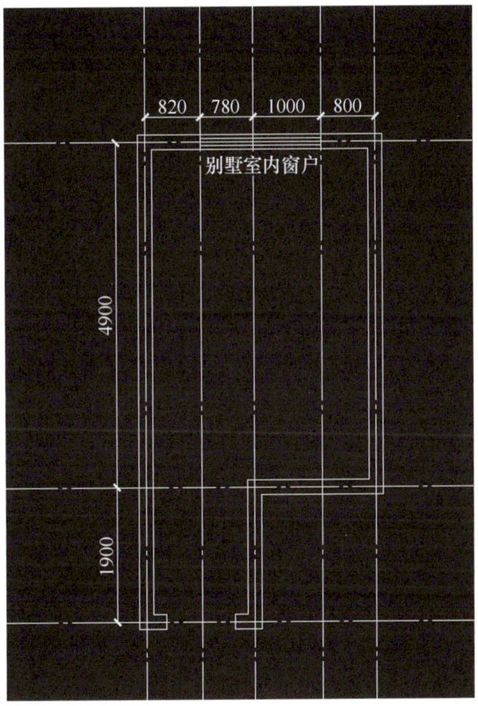

图 2-23　别墅室内窗户

④ 绘制好第一扇窗户后，即可将其定义成块并进入“参照编辑”进行后续绘制，以确保作图过程清晰不混乱。绘制完成后，单击“保存参照编辑”按钮完成绘图。值得注意的是，此后的每一步作图都将采用参照编辑方法，此处特别提醒，后续将不再重复此步骤说明。

2. 绘制门

绘制门的操作步骤如下：

门的绘制知识拓展

① 继续留在当前图层。

② 绘制单开门。在“默认”功能区中单击“绘图”面板中的“矩形”按钮（快捷键“REC”），捕捉门洞墙线中点作为第一点，输入（900，40）、（900，200）绘制如图 2-24 所示的矩形；输入（40，10）、（35，20）、（60，20）绘制如图 2-25 所示的门把手。

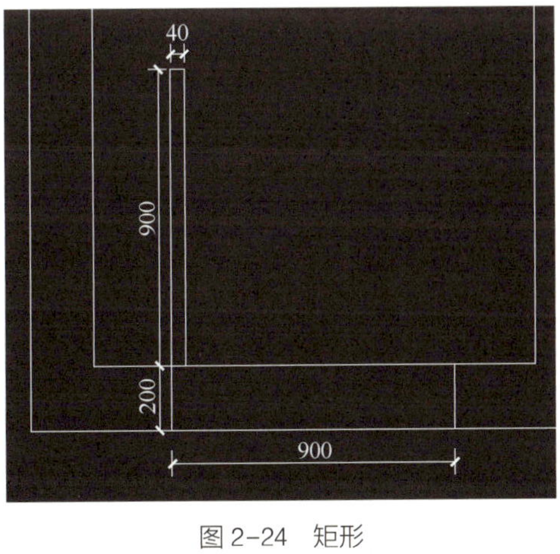

图 2-24　矩形

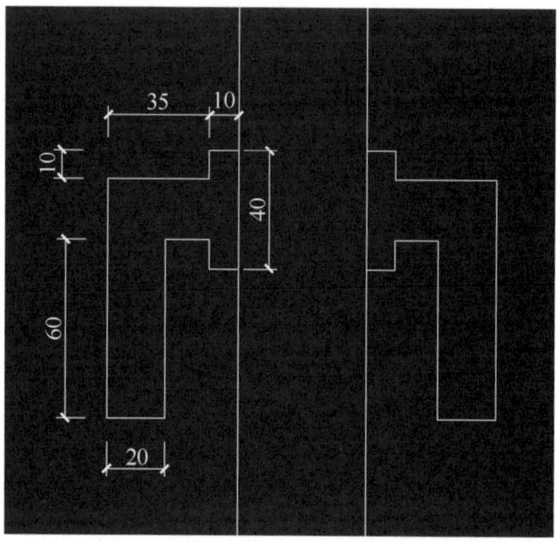

图 2-25　门把手

③ 输入（50，20）、（50，15）、（13，7）绘制如图 2-26 所示的门框矩形。使用“偏移”命令将 13mm×7mm 的矩形向内偏移 1mm，将其拖动至图中合适位置。打散（快捷键“X”）13mm×7mm 的矩形，然后修剪掉重合线，修改后的门框如图 2-27 所示。

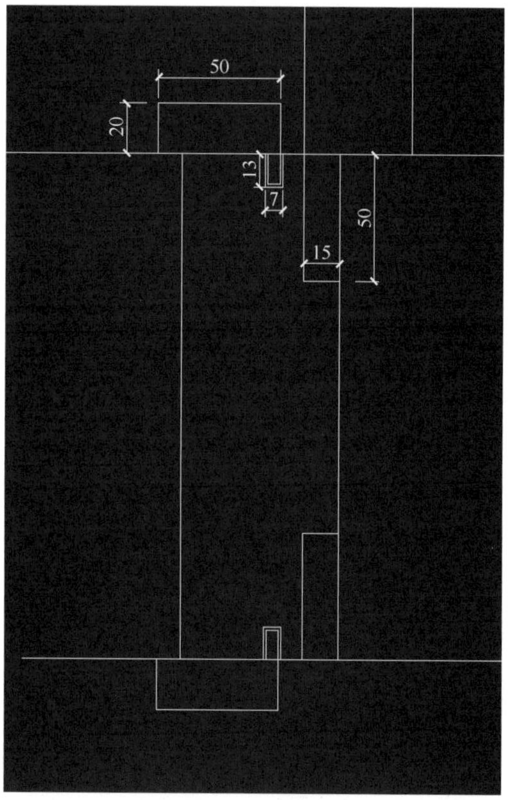

图 2-26　门框矩形

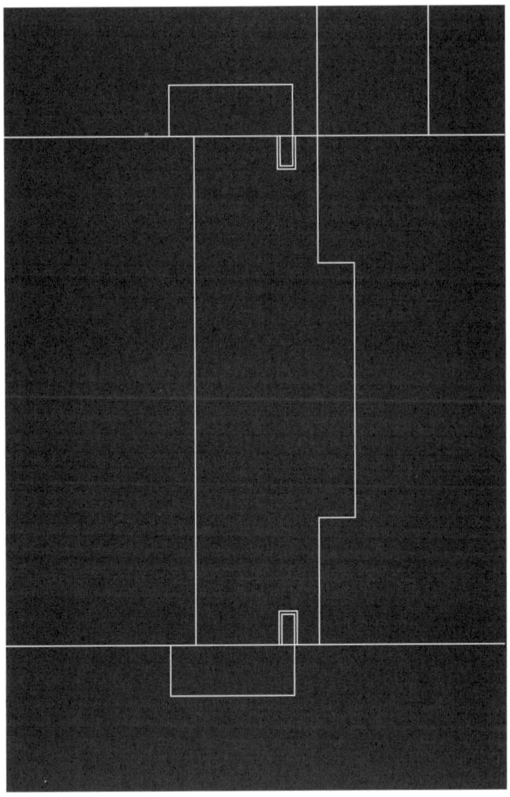

图 2-27　修改后的门框

④ 在“默认”功能区中单击“修改”面板中的“镜像”按钮（快捷键“MI”），以 1000mm×200mm 矩形的中点为对称轴，镜像复制门框，如图 2-28 所示。

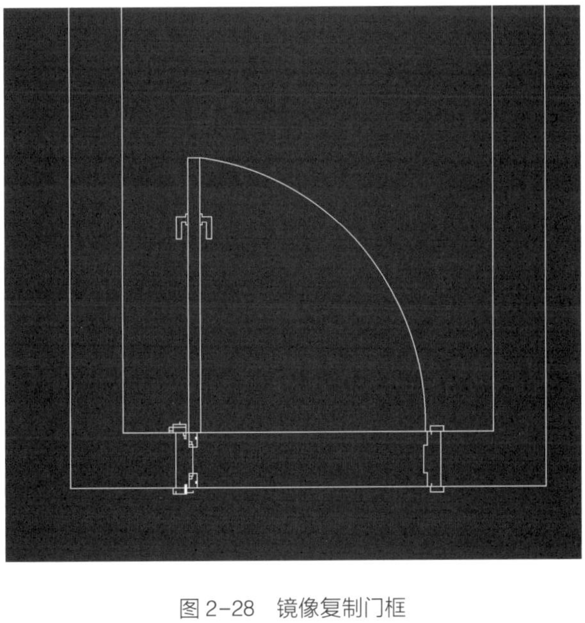

图 2-28　镜像复制门框

五、绘制柱

绘制柱前，应先进入布局空间，在绘制好的图框布局中进行后续绘制，以确保后期出图时线型比例在图纸中所呈现的适合度，同时保证出图时线段的线型比例无误。布局空间绘图操作详见项目一。

柱绘制操作步骤如下：

① 新建“柱”图层，设置颜色为 251 号灰色，并将其置为当前图层。

② 打开之前隐藏的“中轴线”图层，方便放置柱体。按照图纸中柱的位置，在中轴线交点处放置柱。在“默认”功能区中单击“绘图”面板中的“矩形”按钮，设置柱尺寸为（410，320），在绘图区任意空白处绘制矩形。绘制好后对其进行填充（快捷键“H”），然后在命令行中输入“T”后按 Enter 键，进行填充设置，如图 2-29 和图 2-30 所示。设置完成后，单击已绘制好的矩形进行填充，最后按 Enter 键完成柱填充。填充后的柱如图 2-31 所示。

图 2-29　填充命令操作（一）

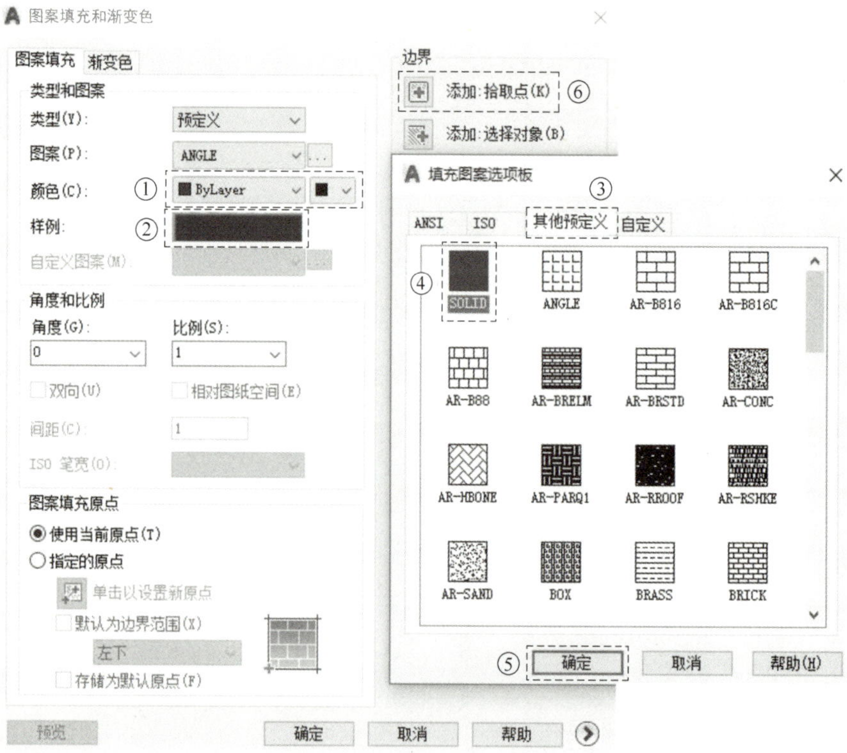

图 2-30　填充命令操作（二）

图 2-31　填充后的柱

③ 将完成的原始平面图放入布局空间内，并设置合适的比例大小。

六、文字标注

文字标注操作步骤如下：

① 设置文字样式。在“默认”功能区中单击“注释”面板中的“文字样式”按钮（快捷键“ST”），打开“文字样式”对话框，如图 2-32 所示。

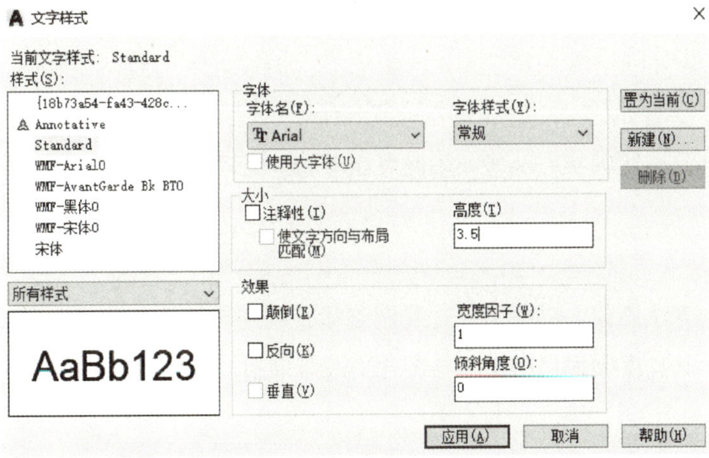

图 2-32　“文字样式”对话框

② 单击“新建”按钮，出现如图 2-33 所示的“新建文字样式”对话框。在“样式名”文本框中输入“酒店客房”。

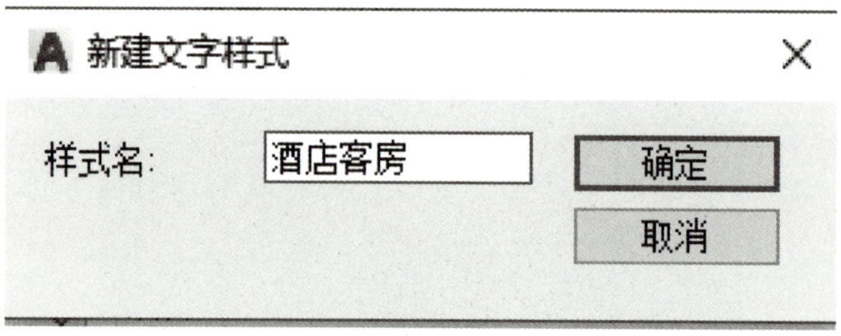

图 2-33 “新建文字样式”对话框

③ 单击“确定”按钮后弹出“文字样式”对话框，如图 2-34 所示。

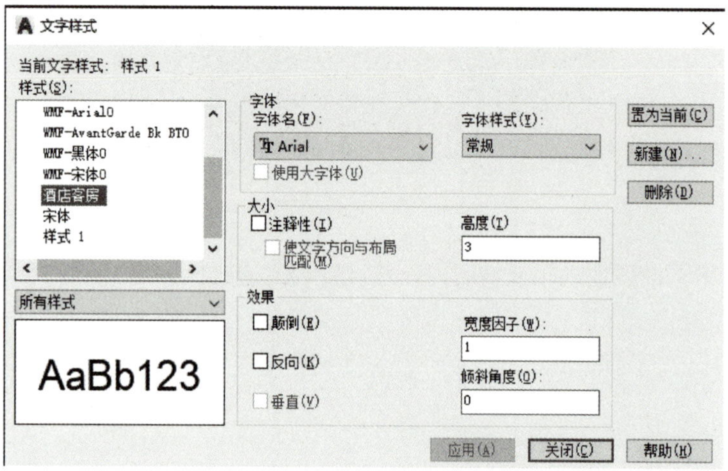

图 2-34 “文字样式”对话框

④ 后续操作中可使用快捷键“T”进行文字输入。

七、轴网、轴号

设置完成后，开始绘制轴网、轴号。轴网可在布局空间双击进入模型空间绘制，轴号可直接在布局空间内绘制。

1. 轴网

与绘制中轴线的方法相似，可根据尺寸复制偏移直线进行轴网绘制。如图 2-35 所示，轴网位于各墙体中心点处，其长度须根据所定的绘图比例适当调整。

2. 轴号

如图 2-36 所示，绘制轴号的步骤如下：

① 绘制一个半径为 5mm 的圆，圆中心对准其中一个轴线。

② 将绘制好的圆放置到轴网中的某一轴线上，然后将其复制到左侧的其他轴线上，圆一侧中点应与轴线对齐。

③ 使用快捷键“T”在圆内添加轴号文字，从左到右依次为 1、2、3……从下到上依次为 A、B、C……

④ 调整文字大小为 3mm，颜色为黄色，完成左侧轴号绘制。

⑤ 使用镜像快捷键“MI”，或使用复制快捷键“CO”，选中中点复制上述操作中已绘制的左侧轴号，完成右侧轴号绘制。

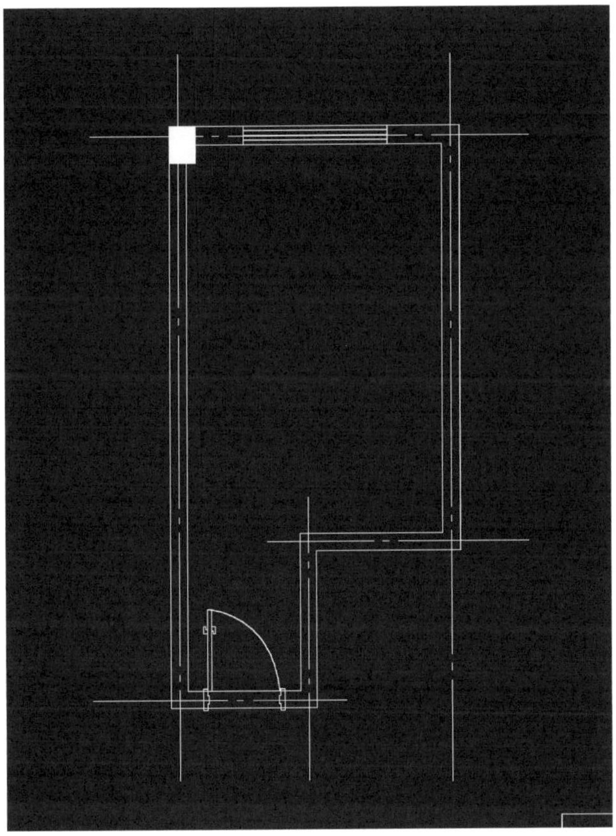

图 2-35　绘制轴网

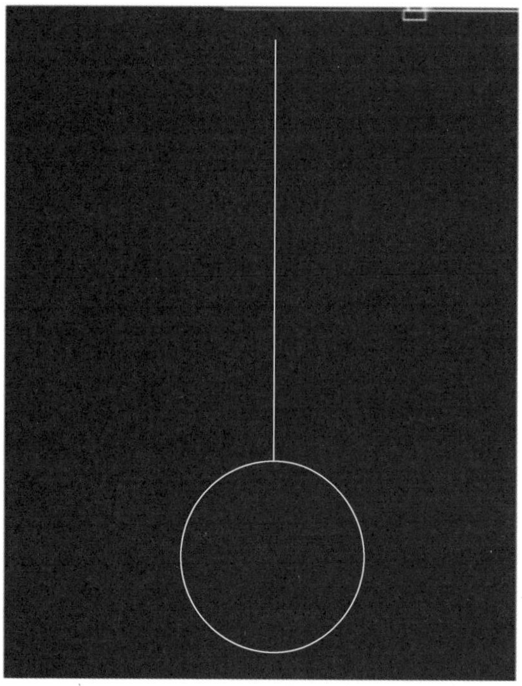

① 在布局空间内绘制一个半径为5mm 的圆，对准轴线

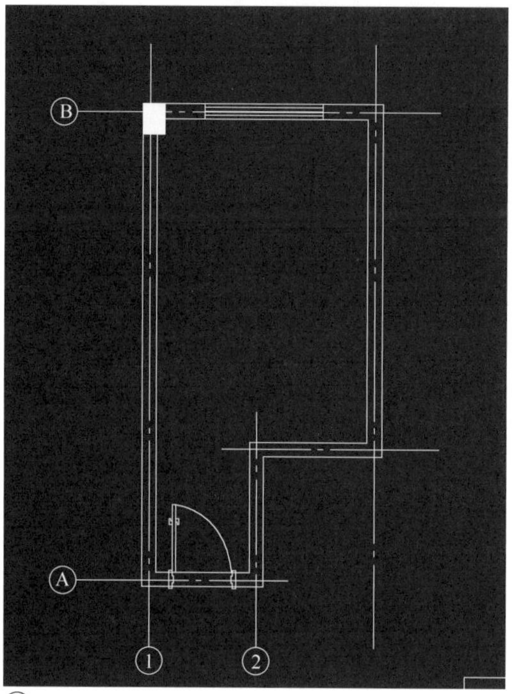

② 将圆复制到以上位置，注意圆一侧中点应与轴线对齐

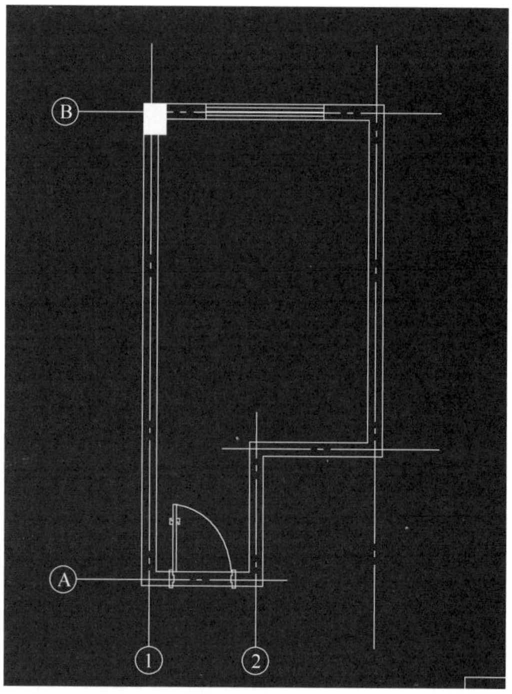

③ 使用快捷键“T”在圆内添加轴号文字，从左到右依次为 1、2、3…… 从下到上依次为 A、B、C……

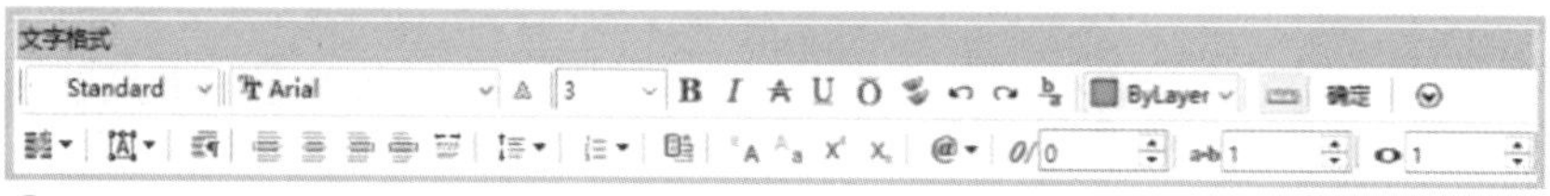

④ 调整文字大小为 3mm，颜色为黄色

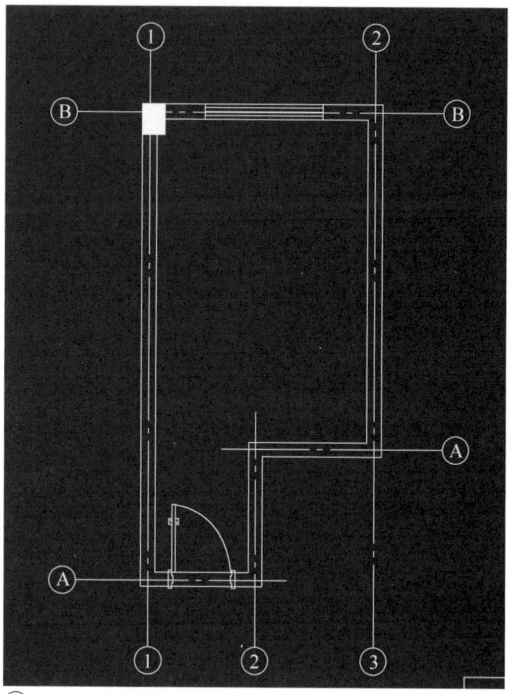

⑤ 使用快捷键“MI”或“CO”选中中点复制轴号

图 2-36　绘制轴号

八、尺寸标注

尺寸标注是别墅施工图设计中的一项重要内容，它能够准确无误地表示出物体的大小和相互位置关系。

下面以本任务所绘别墅的平面图为例，介绍尺寸标注的方法。具体操作步骤如下：

① 在“默认”功能区中单击“注释”面板中的“标注样式”按钮（快捷键“D”），打开“标注样式管理器”对话框，如图 2-37 所示。

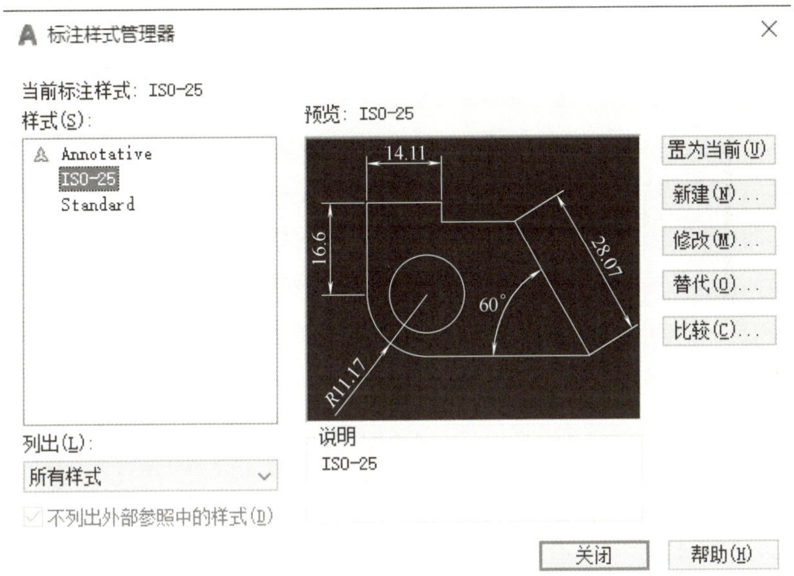

图 2-37　“标注样式管理器”对话框

② 单击“新建”按钮，打开“创建新标注样式”对话框，在“新样式名”文本框中输入“酒店客房”（可根据实际情况进行自定义），“基础样式”为 ISO-25，如图 2-38 所示。

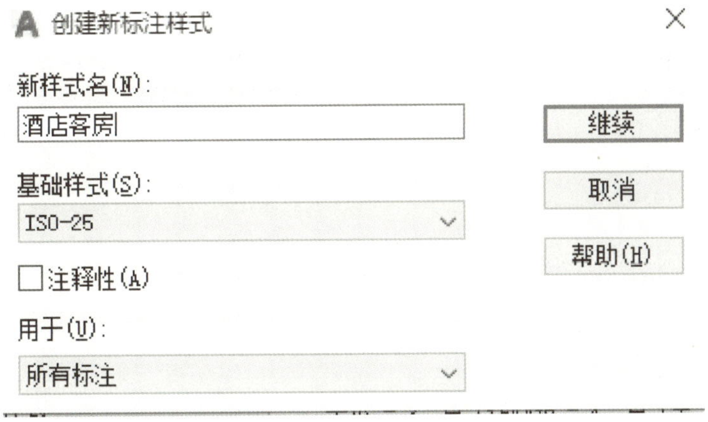

图 2-38　“创建新标注样式”对话框

③ 单击“继续”按钮，打开“新建标注样式：酒店客房”对话框。

④ 单击“线”选项卡，将“尺寸界线”选项组中的“超出尺寸线”设置为“1”，将“起点偏移量”设置为“2”，设置尺寸线与尺寸界线颜色为“34”，如图 2-39 所示。

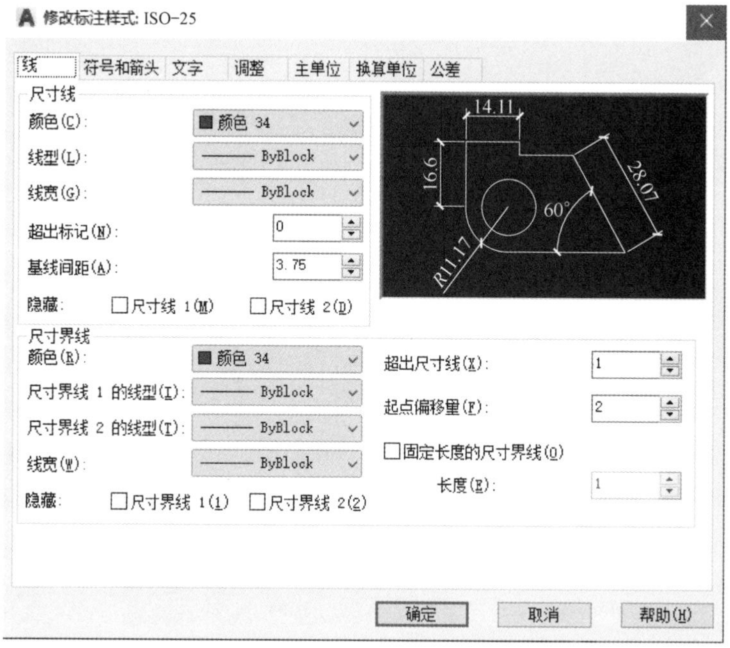

图 2-39 “线”选项卡设置

⑤ 单击“符号和箭头”选项卡，在“箭头”选项组中，将“箭头”样式设置为“建筑标记”，将“引线”样式设置为“小点”，“箭头大小”为“2.5”，如图 2-40 所示。

图 2-40 “符号和箭头”选项卡设置

⑥ 单击“文字”选项卡，在“文字位置”选项组的“垂直”下拉列表中选择“上”，“水平”下拉列表中选择“居中”，“从尺寸线偏移”设为“1”；在“文字对齐”选项组中勾选“与尺寸线对齐”，如图 2-41 所示。

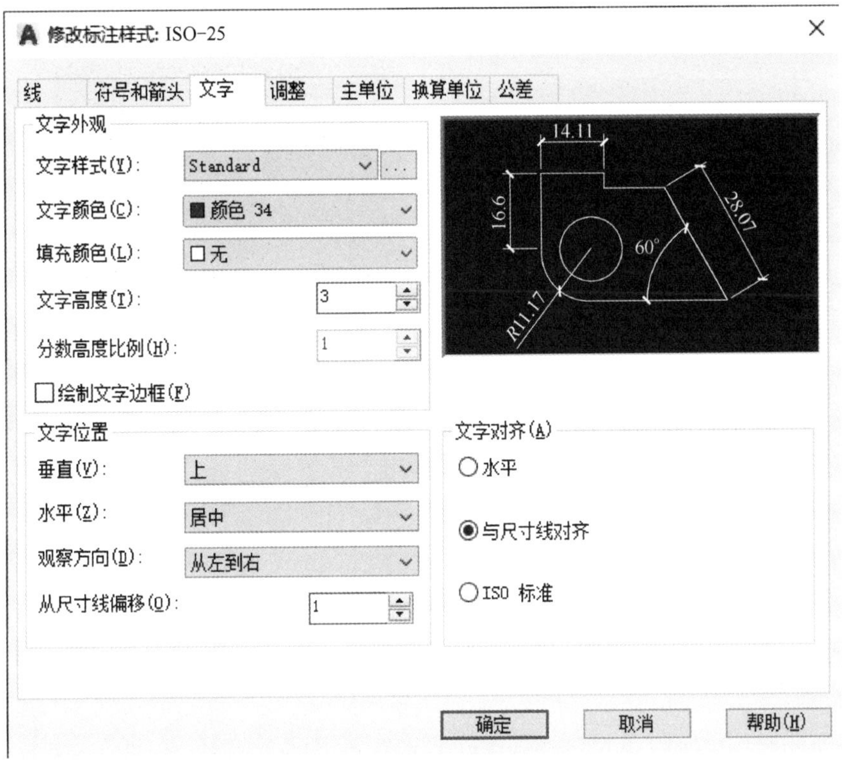

图 2-41　“文字”选项卡设置

⑦ 在“文字”选项卡的“文字外观”选项组中，单击“文字样式”右侧的按钮，弹出“文字样式”对话框。在该对话框“字体”选项组中的“字体名”下拉菜单中选择“宋体”，“效果”选项组中的“宽度因子”设置为“0.7000”，单击“置为当前”，如图 2-42 所示。

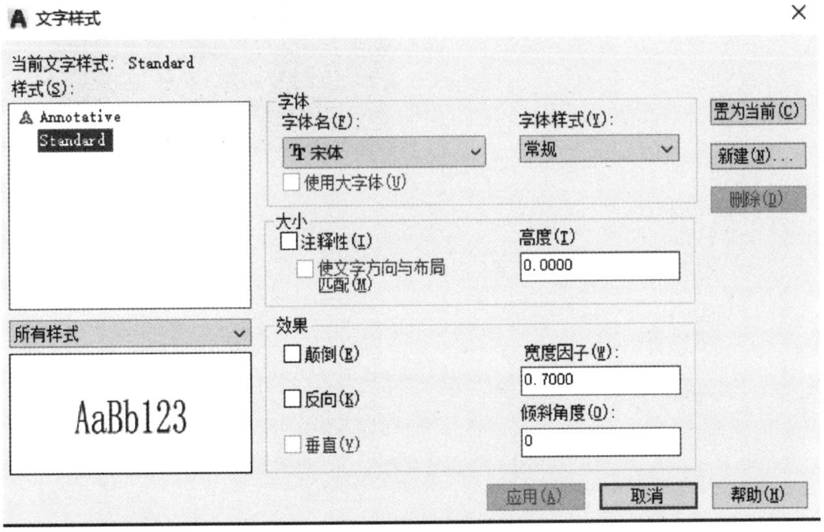

图 2-42　“文字样式”设置

⑧ 单击“调整”选项卡，在“调整选项”选项组中选择“文字始终保持在尺寸界线之间”，在“文字位置”选项组中选择“尺寸线上方，不带引线”，如图 2-43 所示。

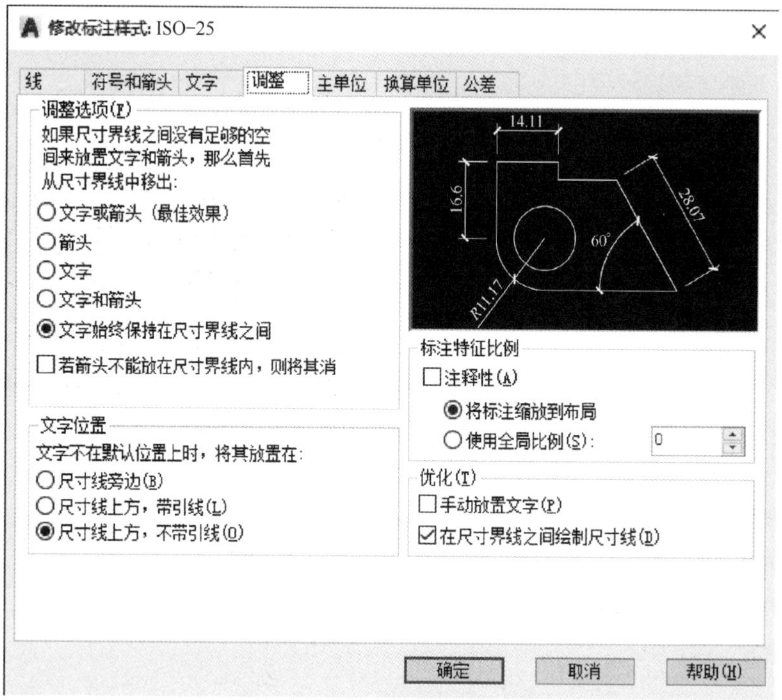

图 2-43 “调整”选项卡设置

⑨ 单击“主单位”选项卡，在“线性标注”选项组中将“精度”设置为“0.00”，如图 2-44 所示。

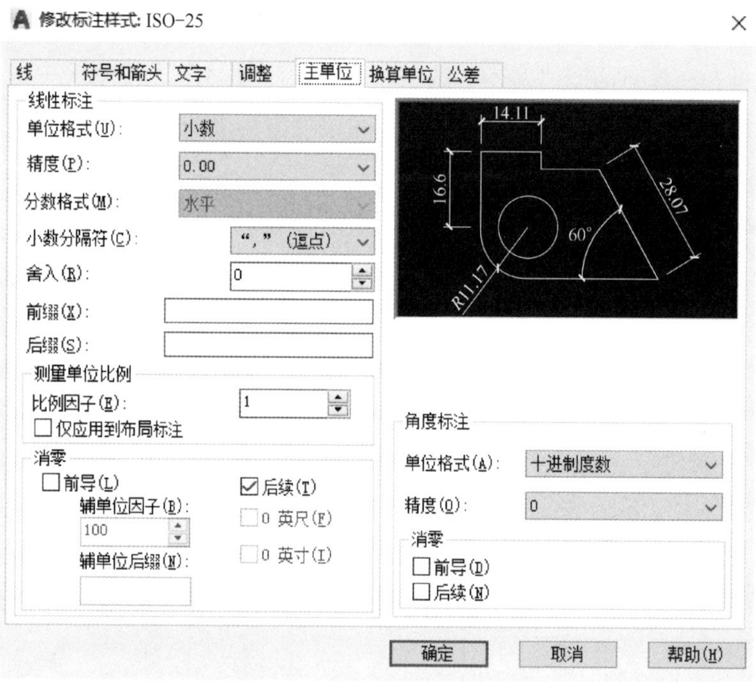

图 2-44 “主单位”选项卡设置

⑩ 单击“确定”按钮关闭当前对话框。在“标注样式管理器”对话框中单击“置为当前”按钮，如图 2-45 所示。

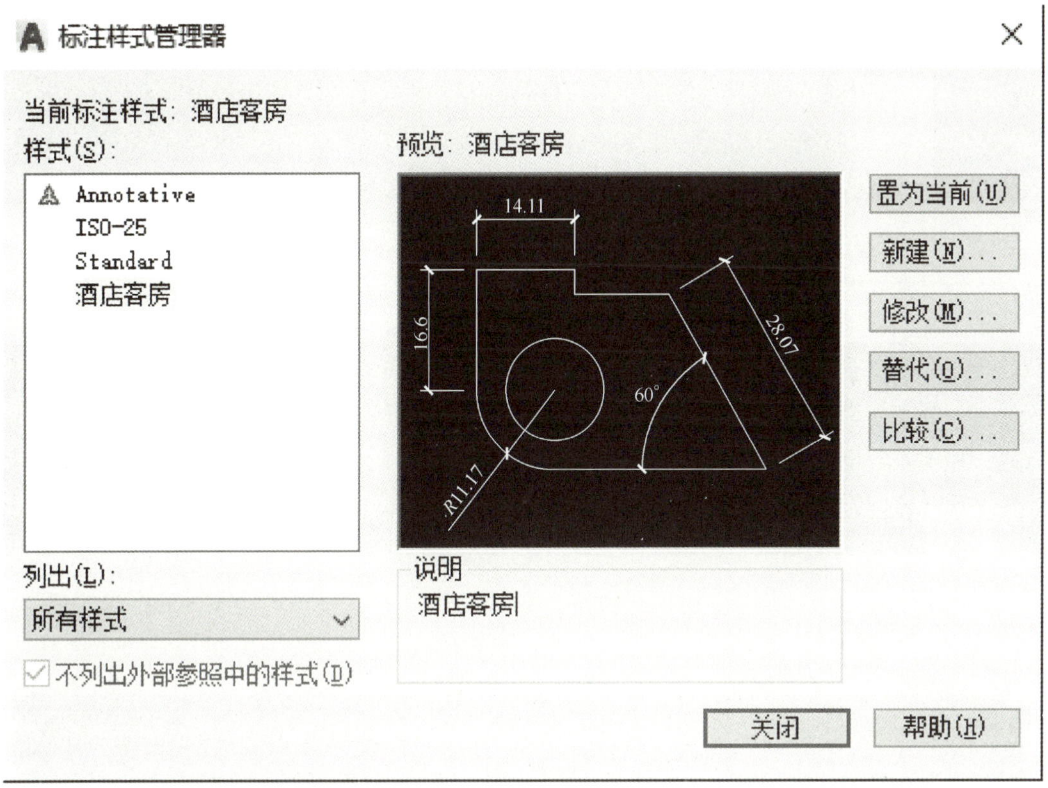

图 2-45 “标注样式管理器”对话框

九、酒店客房尺寸标注

设置好平面样式后，下面通过酒店客房平面标注实例介绍具体的尺寸标注方法。

创建墙体标注步骤如下：

① 取消对“中轴线”图层的隐藏，并对墙体中心位置进行标注。

② 新建“标注”图层，将其颜色设置为 34 号，并置为当前图层。

③ 在“默认”功能区中单击“注释”面板中的“线性”按钮（快捷键“DLI”），打开“对象捕捉”功能。如图 2-46 所示，标注第一个尺寸。使用快捷键“DCO”连续标注尺寸，用同样的方法完成其他标注，如图 2-47 所示。

④ 完成原始平面图（图 2-48）后，双击进入该平面图，单击绘图区右下角的“锁定”按钮对其进行锁定，以防止后续操作误触（每完成一张图纸都需要进行此项操作，后续不再重复介绍）。原始平面模型示意图如图 2-49 所示。

图 2-46　标注第一个尺寸

图 2-47　连续标注尺寸

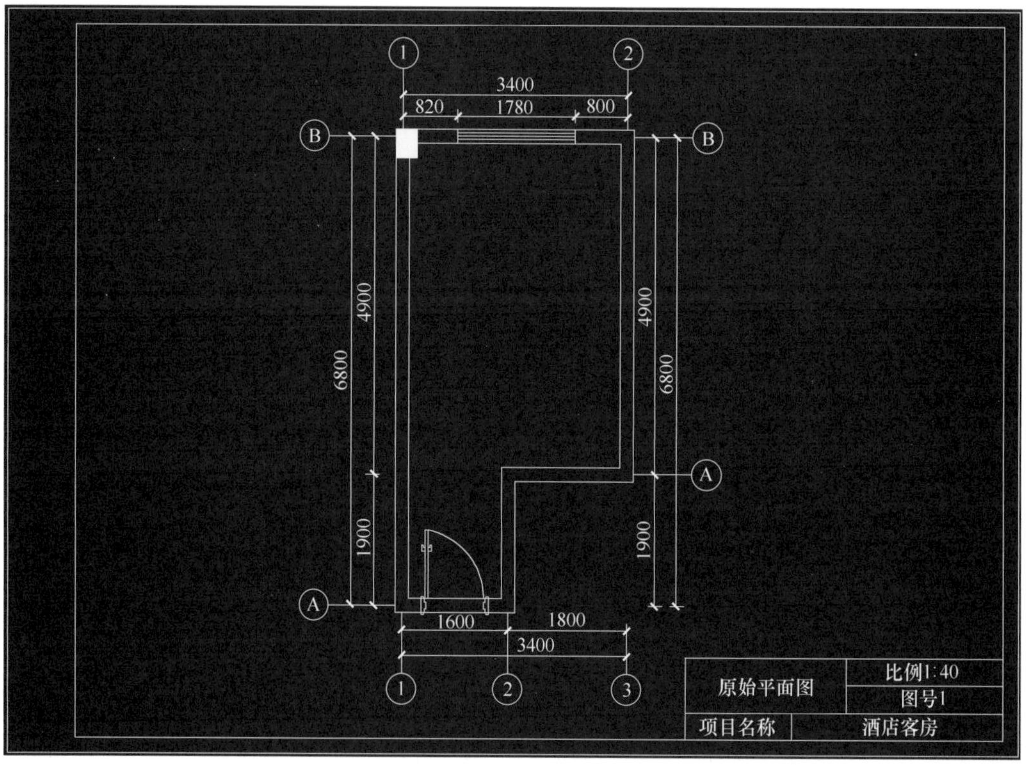

图 2-48　原始平面图

图 2-49　原始平面模型示意图

任务二　绘制平面布置图

绘制平面布置图是室内设计的第一步，也是最重要的一步。平面布局的设计关联着室内空间的六个面，要求这六个面在设计中保持整体性、连贯性、通透性。同时，室内轮廓线条须与外界的环境相适应，室内各个空间的颜色既相互协调，又与环境相呼应，才能够更好地表现室内的主题。

室内设计通常在建筑设计完成后进行，因此对空间结构进行的改动相对有限。相较于建筑空间，室内空间较为狭小，对于各个区域的划分及运用需要更加精确、合理且人性化。

在室内设计中，平面布局构成了整个设计的结构基础。只有在平面布局中合理安排人的活动区间和家具摆放，其立面和天花才能呈现出合适的装饰效果。因此，平面布局决定了居家装饰的真正档次。

一、绘制图框、标注、轴网及轴号

复制图框，在布局空间绘制平面布置图，具体步骤如下：

① 在布局窗口框选图框。

② 如图 2-50 所示，使用复制命令“CO”，一次复制多个图框，便于后续绘制其他图纸。

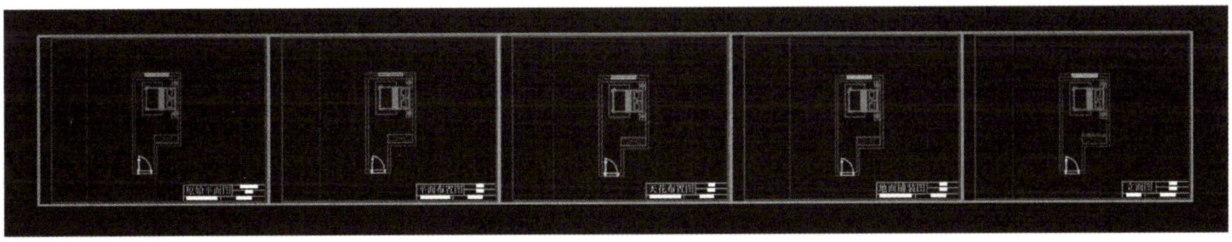

图 2-50　一次复制多个图框

③ 选中原始平面图的标注、轴网、轴号，以墙体一点为基点，使用“CO”命令将其复制到平面布置图相同基点，如图 2-51 所示。

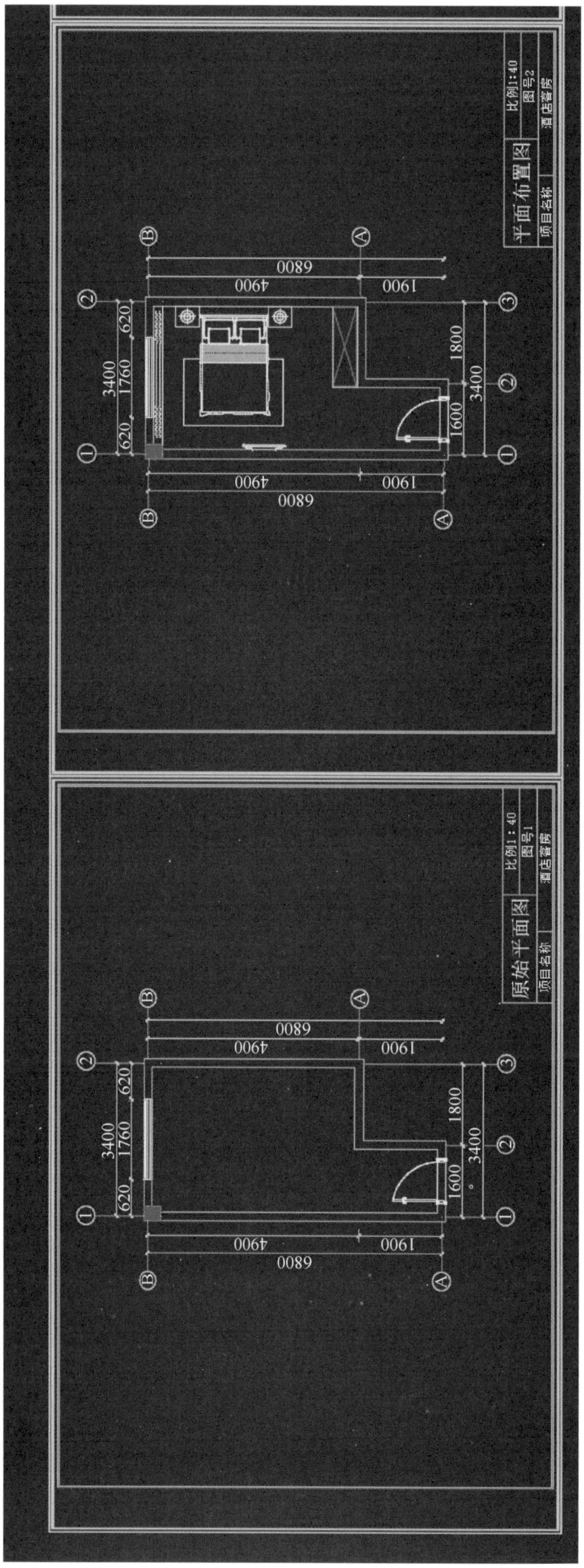

图 2-51 复制标注、轴网、轴号到平面布置图

二、装饰完成面（窗帘）绘制

装饰完成面（窗帘）绘制步骤如下：

① 新建一个“装饰完成面”图层，颜色设置为 3 号绿色，并将其置为当前图层，如图 2-52 所示。

② 看图判断距离，确定窗帘位置，使用快捷命令进行绘制。如图 2-53 所示，使用快捷键“C”绘制半径为 25mm 的圆；使用快捷键“CO”对其进行复制；在所绘制圆的中心处使用快捷键“L”绘制一条长度为 1400mm 的直线，使用快捷键“TR”修剪掉多余的线；使用快捷键“B”对修剪后的线条进行块定义；使用快捷键“CO”将上述操作中定义的块复制到原图块右侧位置，与原图块以直线连接，完成一半窗帘的绘制；使用快捷键“CO”复制已绘制好的一半窗帘，将其置于原位置下方，完成另一半窗帘的绘制。绘制完成的窗帘如图 2-54 所示。

图 2-52 “装饰完成面”图层

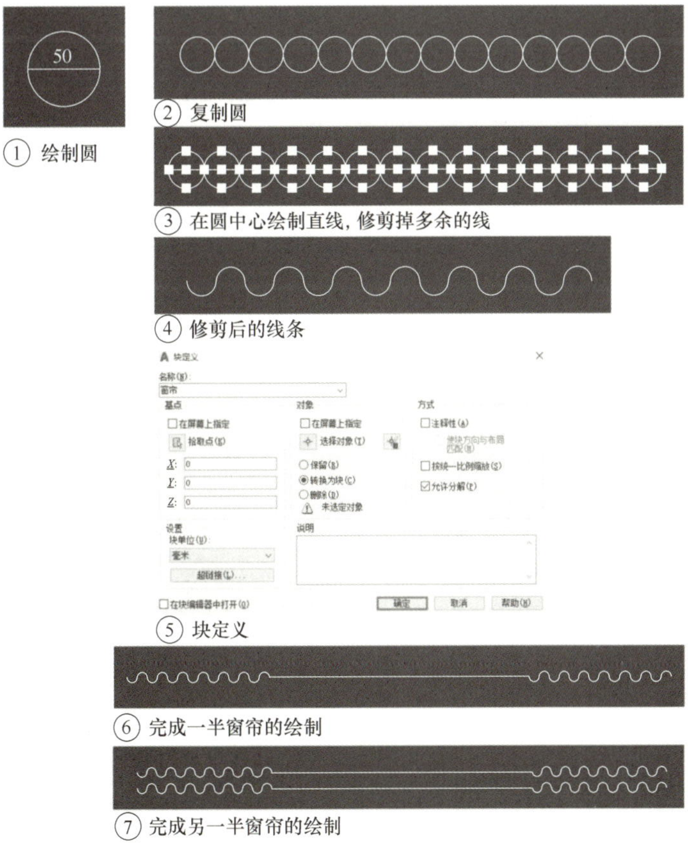

图 2-53 窗帘绘制

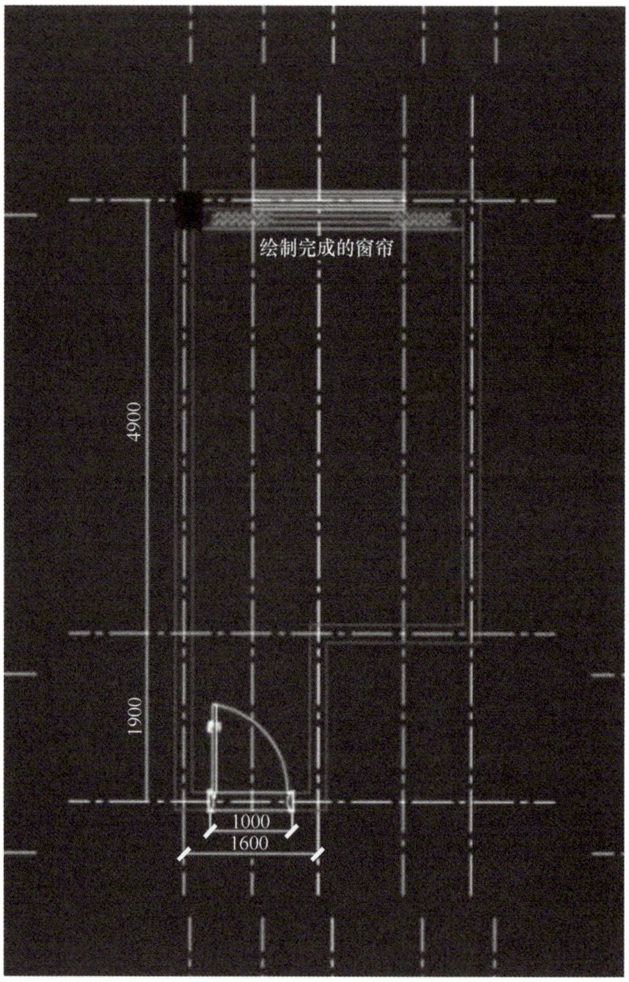

图 2-54　绘制完成的窗帘

三、家具绘制

完成上述操作后，开始对平面布置图上的家具进行绘制。

1. 床具绘制

床具绘制步骤如下：

① 新建一个“家具”图层，颜色设置为 20 号橙色，并将其置为当前图层，如图 2-55 所示。

② 如图 2-56 所示，使用快捷键“REC”绘制出床具的床体大框矩形，其尺寸分别为 2100mm×1500mm 和 1588mm×50mm；继续绘制尺寸为 1588mm×400mm 的矩形，并使用快捷键“SPL”绘制尺寸为 1590mm×1500mm 的不规则被子；然后使用“图案填充”命令添加“SWAMP”图案花纹；绘制尺寸为 650mm×400mm 和 440mm×330mm 的矩形，在此基础上使用快捷键“A”绘制枕头弧线（取消正交，方便弧线绘制），完成一个枕头的绘制；使用快捷键“TR”修剪枕头线条重合部分，并对其进行块定义；使用快捷键“CO”复制枕头图块，完成另一个枕头的绘制。

图 2-55 “家具”图层

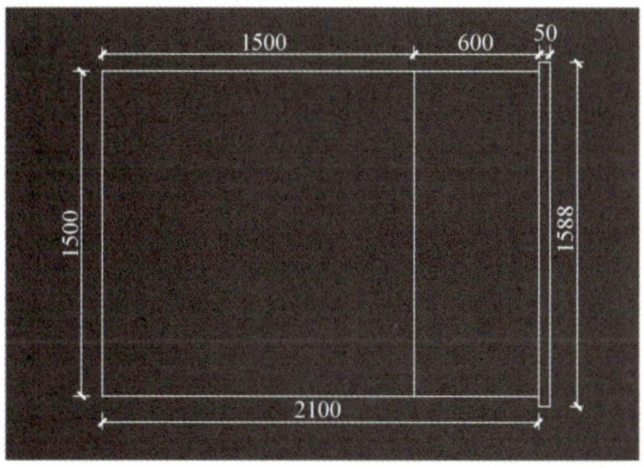

①绘制尺寸为2100mm×1500mm和1588mm×50mm的矩形

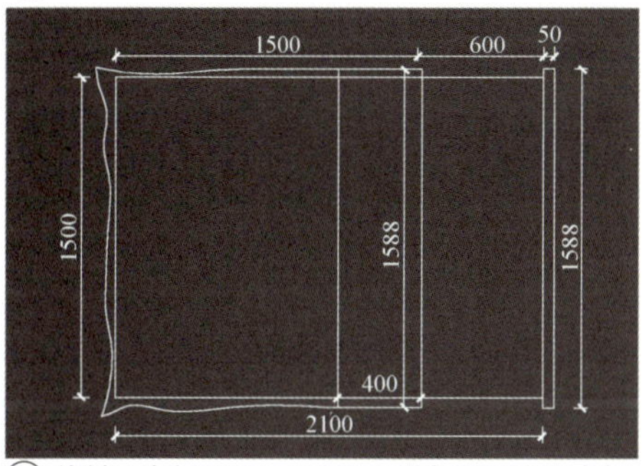

②绘制尺寸为1588mm×400mm的矩形以及尺寸为1590mm×1500mm的不规则被子

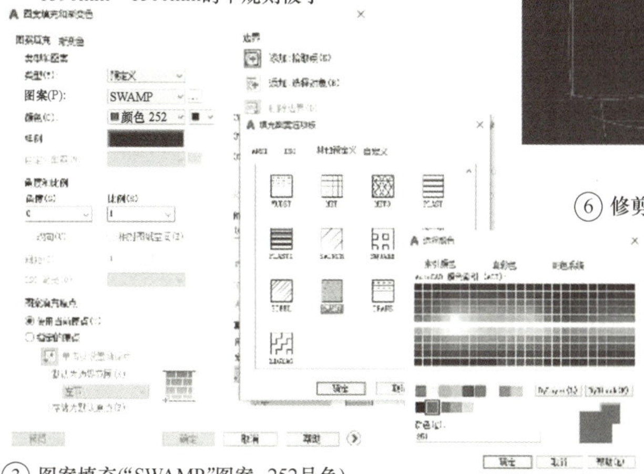

③图案填充(“SWAMP”图案，252号色)

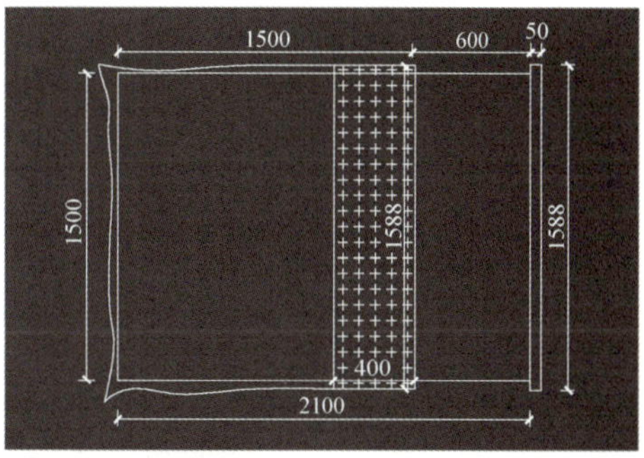

④图案填充后效果

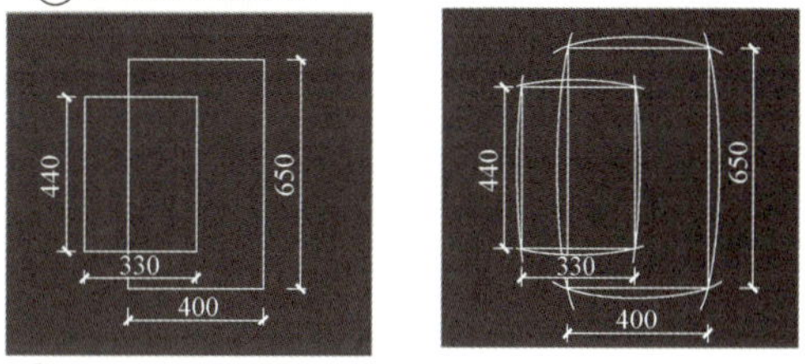

⑤绘制尺寸为650mm×400mm和440mm×330mm的矩形，在此基础上绘制枕头弧线

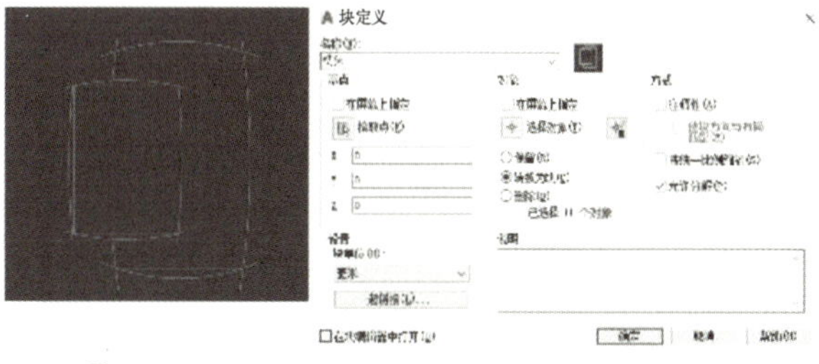

⑥修剪重合部分，并进行块定义

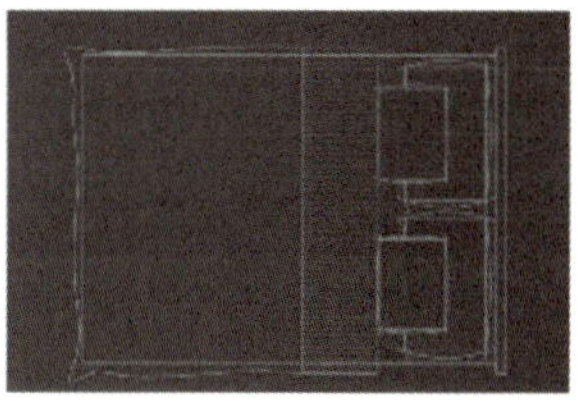

⑦复制枕头图块，完成另一个枕头的绘制

图 2-56 床具绘制

2. 衣柜绘制

如图 2-57 所示，衣柜绘制步骤如下：

①在“默认”功能区中单击“绘图”面板中的“矩形”按钮，绘制尺寸为1800mm×580mm 的矩形。

② 使用快捷键“O”将上述矩形向内偏移 20mm。

③ 绘制完成后，对其进行块定义。

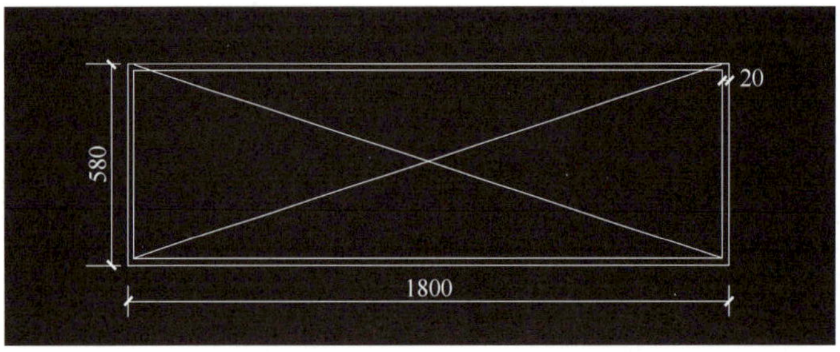

图 2-57　衣柜绘制

3. 灯具绘制

灯具绘制步骤如下：

① 使用快捷键“C”绘制半径为 140mm 的圆，并将其向内偏移 70mm，如图 2-58 所示。

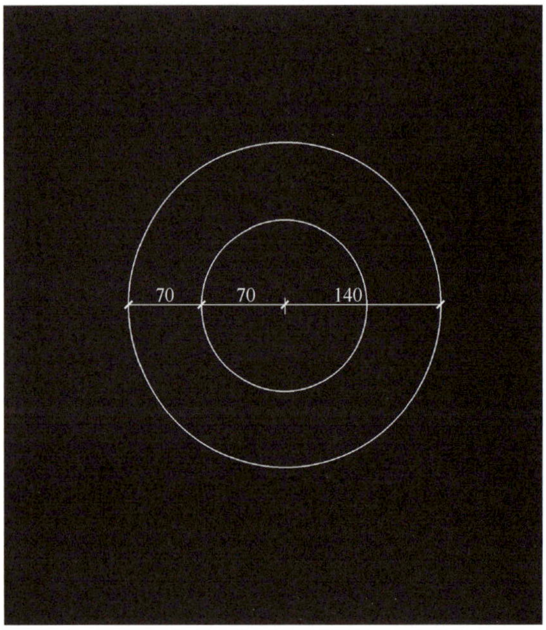

图 2-58　圆绘制

② 使用快捷键“L”在上述圆中心绘制一个长度为 360mm 的十字，完成单个筒灯绘制，如图 2-59 所示。

③ 如图 2-60 所示，绘制完成后，对其进行块定义，并命名为“床头灯”，单击“确定”按钮完成操作。

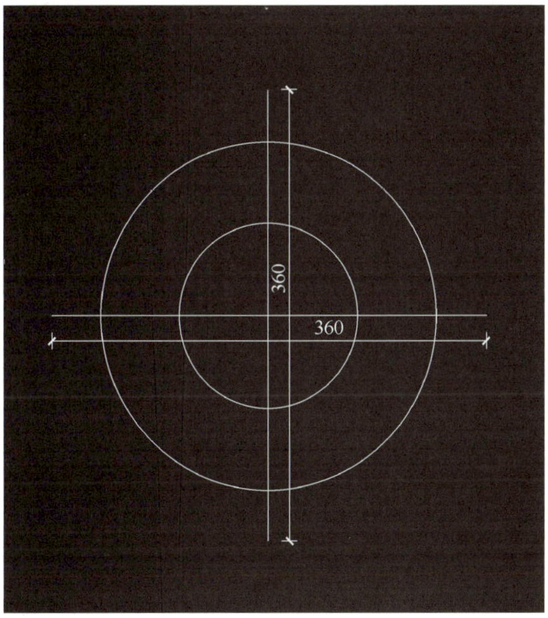

图 2-59　单个筒灯绘制

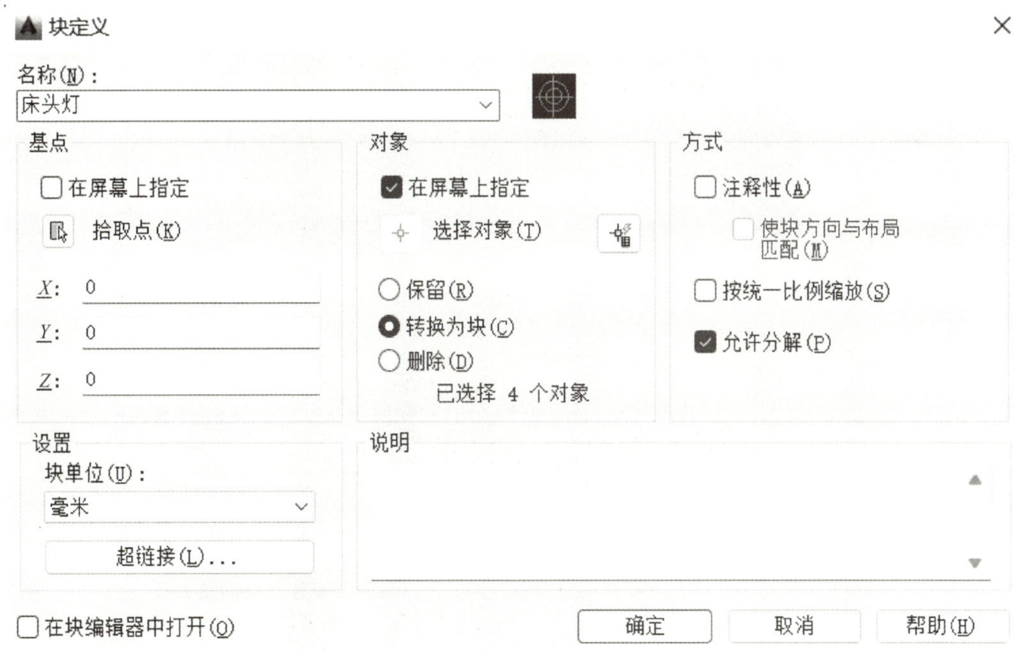

图 2-60　块定义

4. 其他活动家具绘制

除床具、衣柜、灯具外，其他活动家具可从已有素材库中直接插入，或使用相应快捷命令按图 2-61 至图 2-63 所示的尺寸进行绘制。绘制完成后，分别对其进行块定义，方便后续操作。

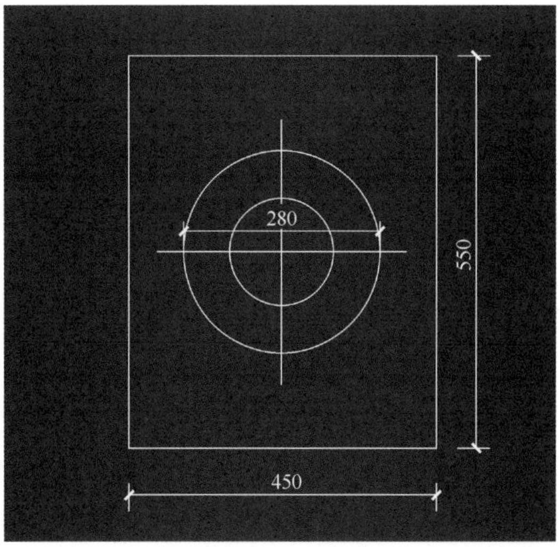

图 2-61　床头柜

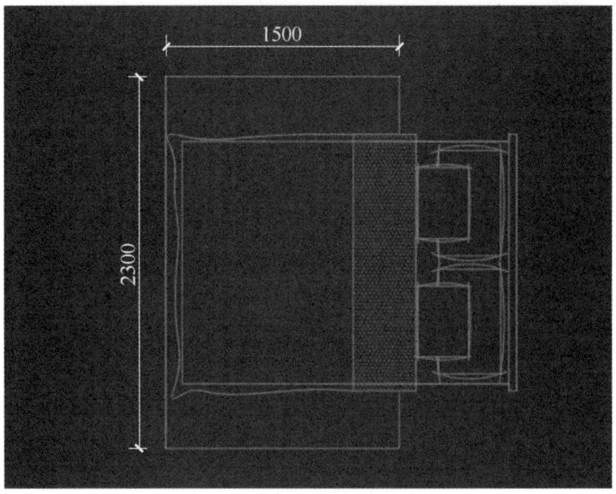

图 2-62　地毯

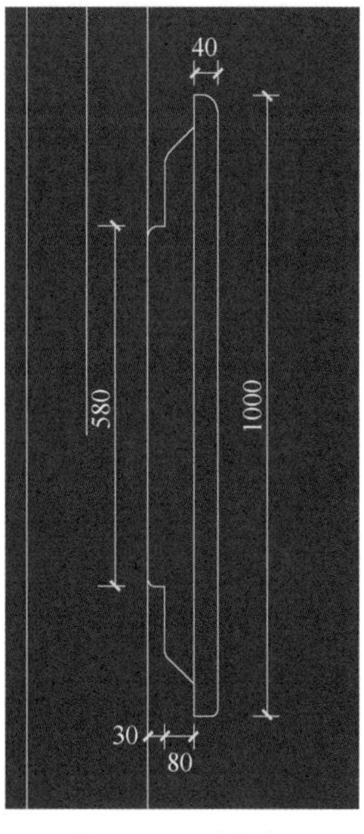

图 2-63　电视机

绘制完成后，进行平面图放置。放置平面图时，双击进入绘图空间，将“轴线”图层关闭，如图 2-64 所示。

图 2-64 关闭“轴线”图层

四、尺寸标注

根据本项目任务一中原始平面图的尺寸标注方法，对平面布置图进行尺寸标注。值得注意的是，与原始平面图相比，平面布置图还需要对其材质进行引线标注。

平面布置图尺寸标注步骤如下：

① 如图 2-65 所示，设置“标注”图层为当前图层，在布局空间按照原始平面图的标注方法，对平面布置图进行标注。

图 2-65 “标注”图层

② 在“默认”功能区中单击“注释”面板中的“多重引线样式”按钮（快捷键“MLS”），打开“多重引线样式管理器”对话框。单击“新建”按钮，打开“创建新多重引线样式”对话框，在“新样式名”文本框中输入“引线 1”，如图 2-66 所示。单击“继续”按钮，系统将自动弹出“修改多重引线样式：引线 1”对话框。

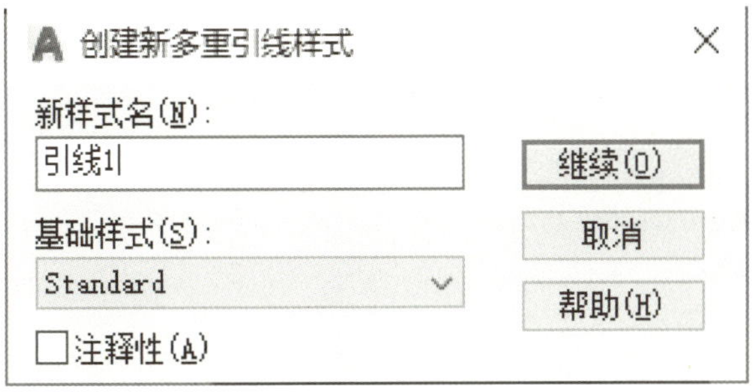

图 2-66 “创建新多重引线样式”对话框

③ 在“修改多重引线样式：引线 1”对话框中，单击“引线格式”选项卡，设置“颜色”为红色（10 号），设置“箭头”大小为“3”，如图 2-67 所示。

④ 单击“内容”选项卡，设置“文字颜色”为红色，设置“文字高度”为“3”，如图 2-68 所示。

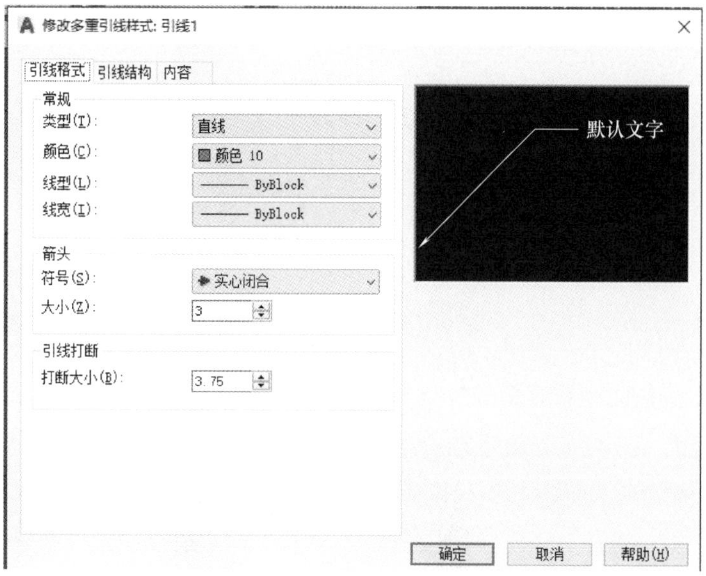

图 2-67　“引线格式”选项卡设置

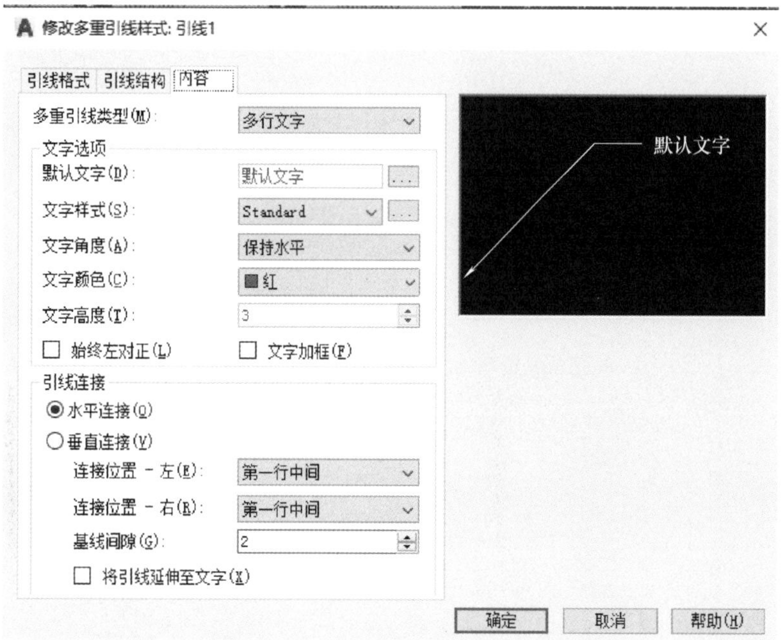

图 2-68　“内容”选项卡设置

⑤ 在“修改多重引线样式：引线 1”对话框中，单击“确定”按钮，关闭该对话框。如图 2-69 所示，在“多重引线样式管理器”对话框中单击“置为当前”按钮，关闭对话框。

⑥ 在“默认”功能区中单击“注释”面板中的“多重引线”按钮（快捷键“MLD”），在绘图区指定引线箭头和引线基线的位置，并输入文字“艺术窗帘”“床头柜”，如图 2-70 所示。

⑦ 完成平面布置图绘制并将其图层锁定，如图 2-71 所示。家具平面模型示意图如图 2-72 所示。

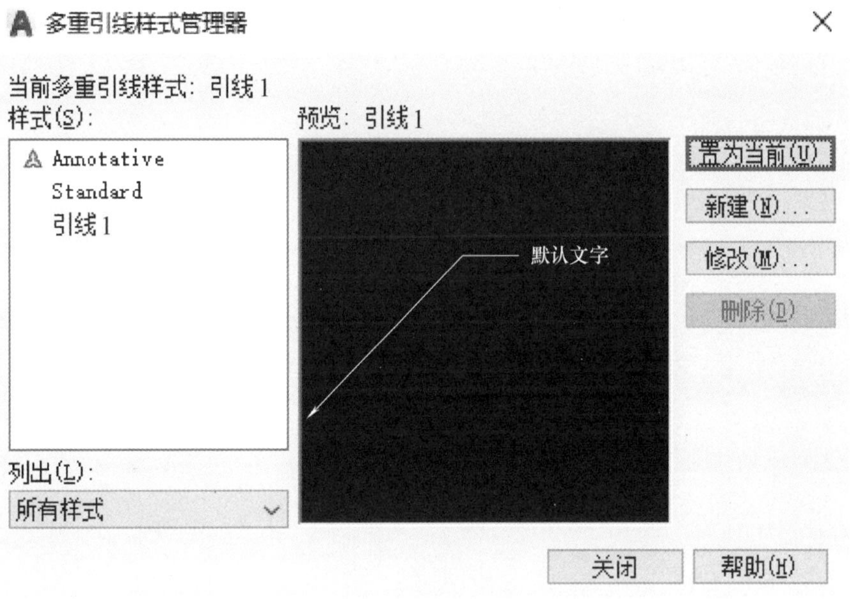

图 2-69 “置为当前”按钮

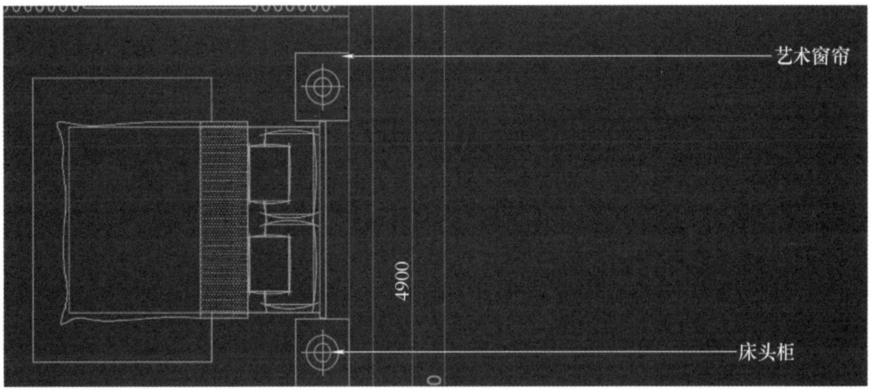

图 2-70 平面标注

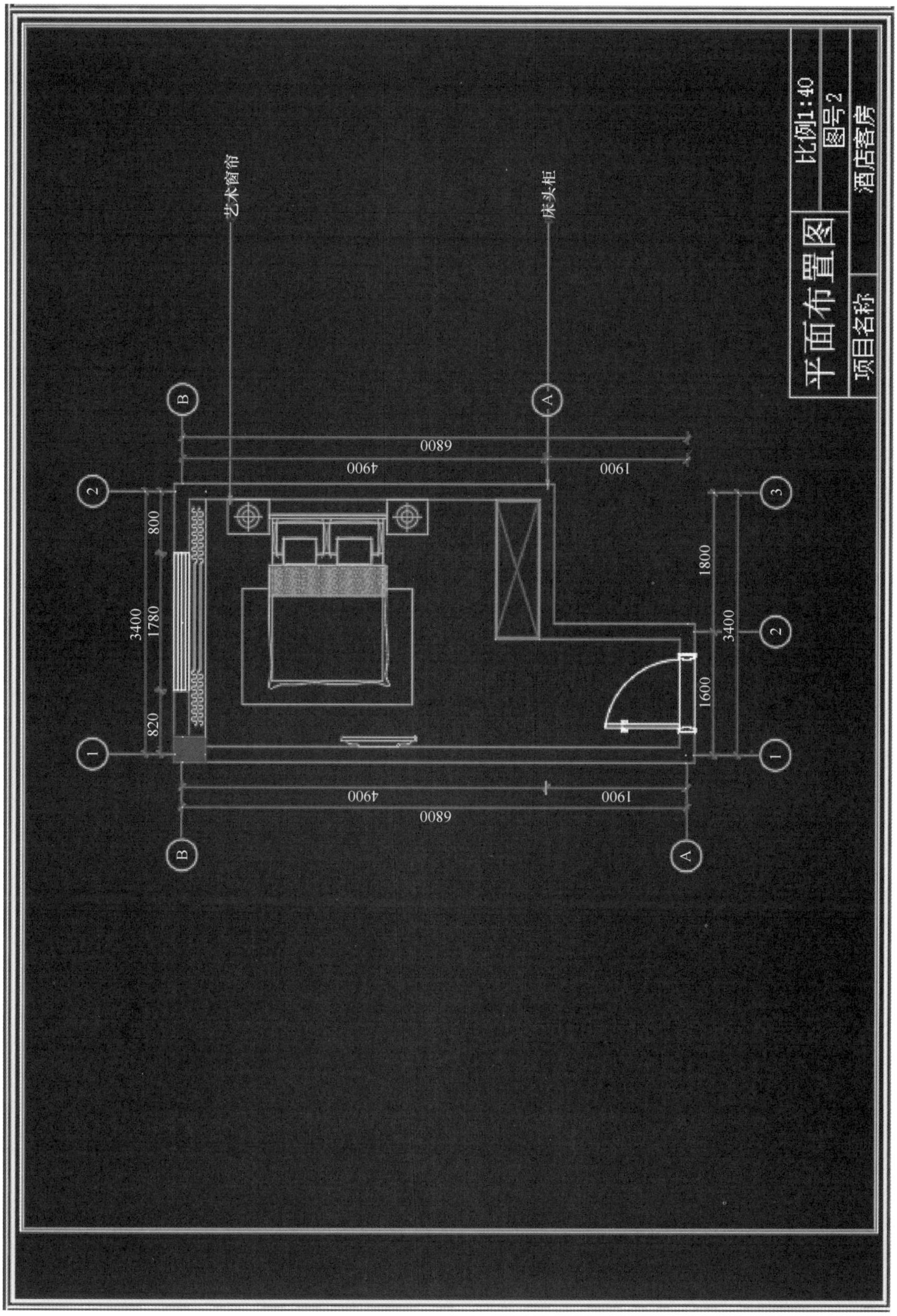
艺术窗帘
床头柜
平面布置图
比例1:40
图号2
项目名称
酒店客房
6800
4900
1900
3400
800
1780
820
1800
1600

图2-71　平面布置图

图 2-72　家具平面模型示意图

任务三　绘制地面铺装图

室内地面作为人们接触最频繁的区域，在视觉占比上仅次于墙面，其装修具有美化环境、改善居住条件的作用。因此，地面是室内设计与装饰的重要组成部位之一。在进行地面装饰材料的选择及设计时，应兼顾实用性与美观性，确保材料牢固、耐磨、耐腐、防滑，同时要与房间整体装饰风格和谐统一。

一、复制标注、轴网及轴号

在布局空间复制标注、轴网及轴号，具体步骤如下：

① 如图 2-73 所示，设置“地面”图层为当前图层，在布局空间按照原始平面图梁柱填充的方法，对地面铺装图进行地面材质图案填充。

图 2-73　“地面”图层

② 双击进入地面铺装图绘图区，打开“图层特性管理器”对话框，关闭“家具”图层，如图 2-74 所示。

图 2-74　关闭“家具”图层

③ 如图 2-75 所示，将原始平面图的标注、轴网、轴号复制到地面铺装图中。

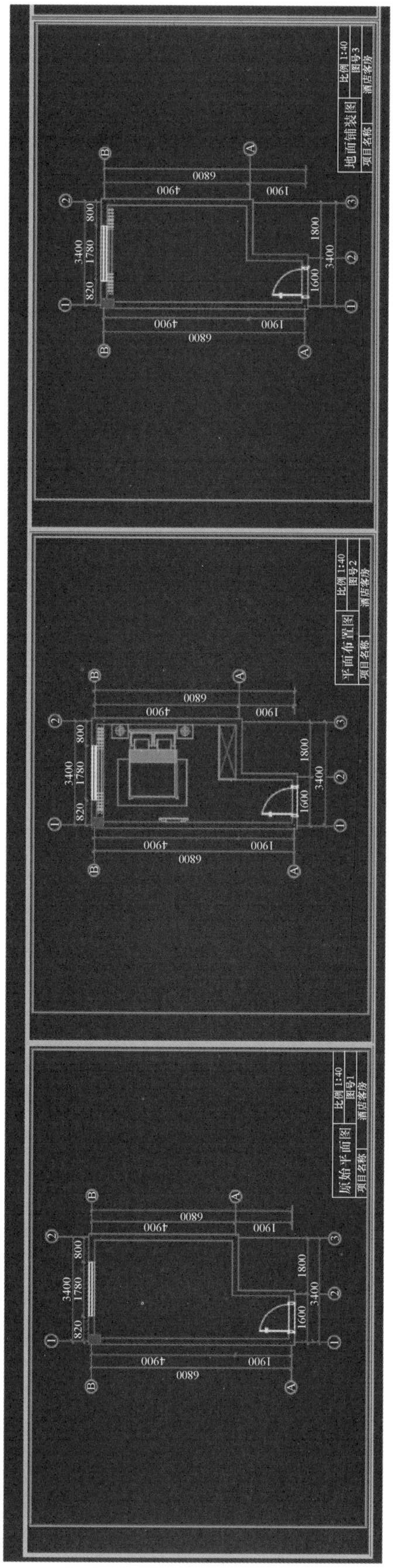

图2-75　复制标注、轴网、轴号到地面铺装图

④ 完成地面铺装图后，若其他图层中出现地面铺装图案，可将“地面”图层关闭，如图 2-76 所示。

图 2-76　关闭“地面”图层

二、地面铺装图绘制

① 使用快捷键“H”设置图案填充“颜色”为“251”，“图案”为“JIS_LC_8”，“角度”为“45”，“比例”为“25”，如图 2-77 所示。在“图案填充编辑”对话框的“边界”选项组中，单击“添加：拾取点”，拾取点后单击“确定”按钮，完成地面图案填充，如图 2-78 所示。

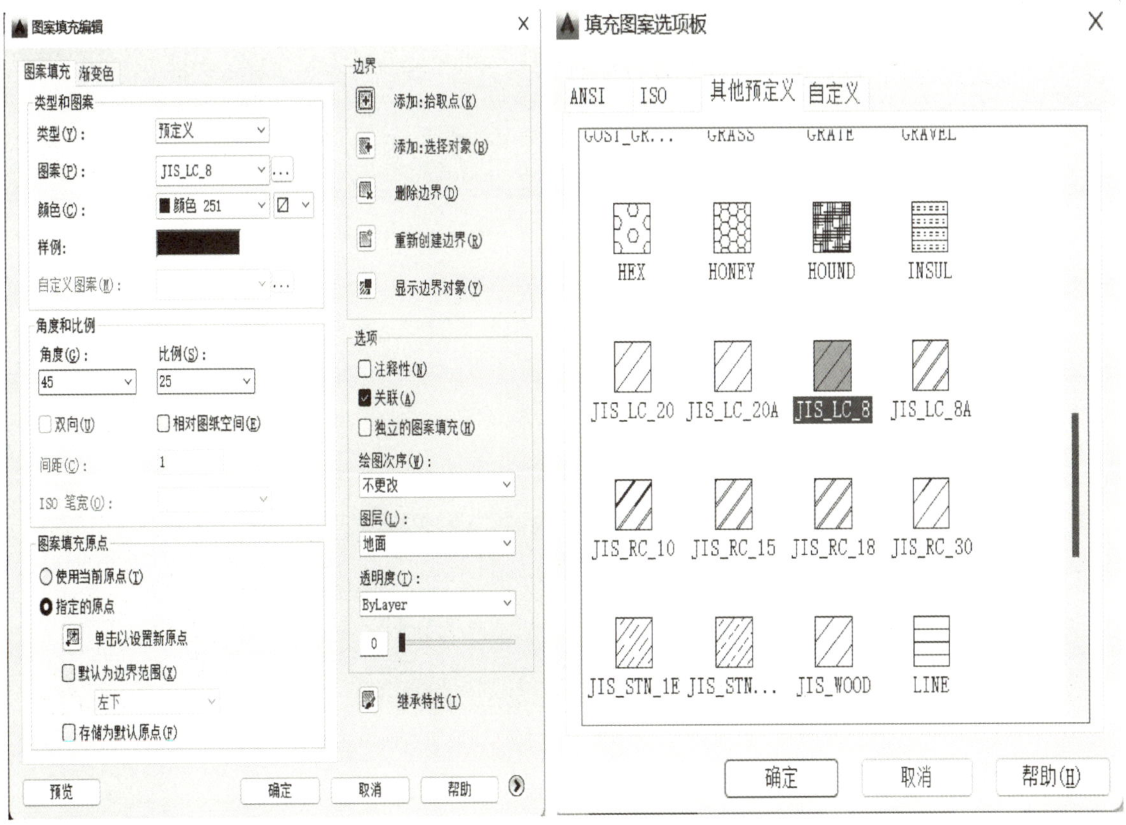

图 2-77　地面图案填充设置

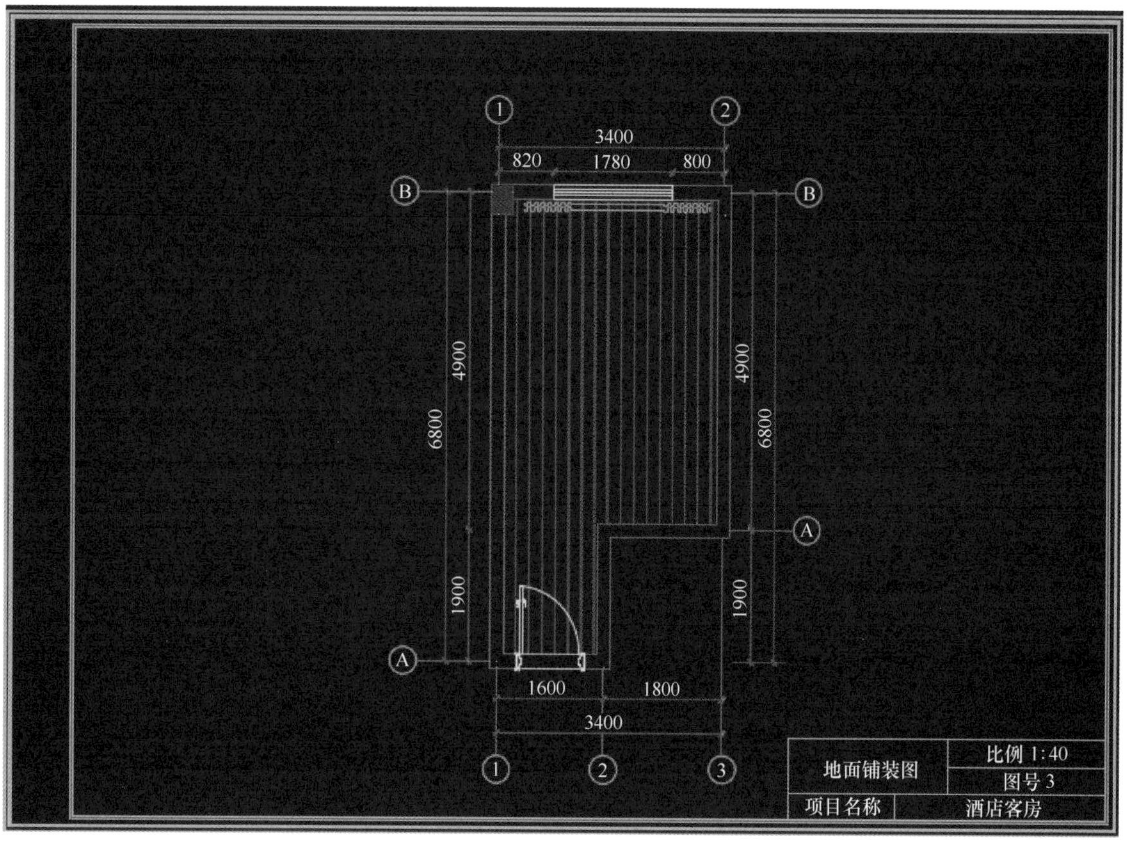

图 2-78　完成地面图案填充

② 完成地面图案填充后，可对其材质进行引线标注，如图 2-79 所示。

图 2-79　地面材质引线标注

③ 完成地面铺装图绘制并将其图层锁定，如图 2-80 所示。地面铺装模型示意图如图 2-81 所示。

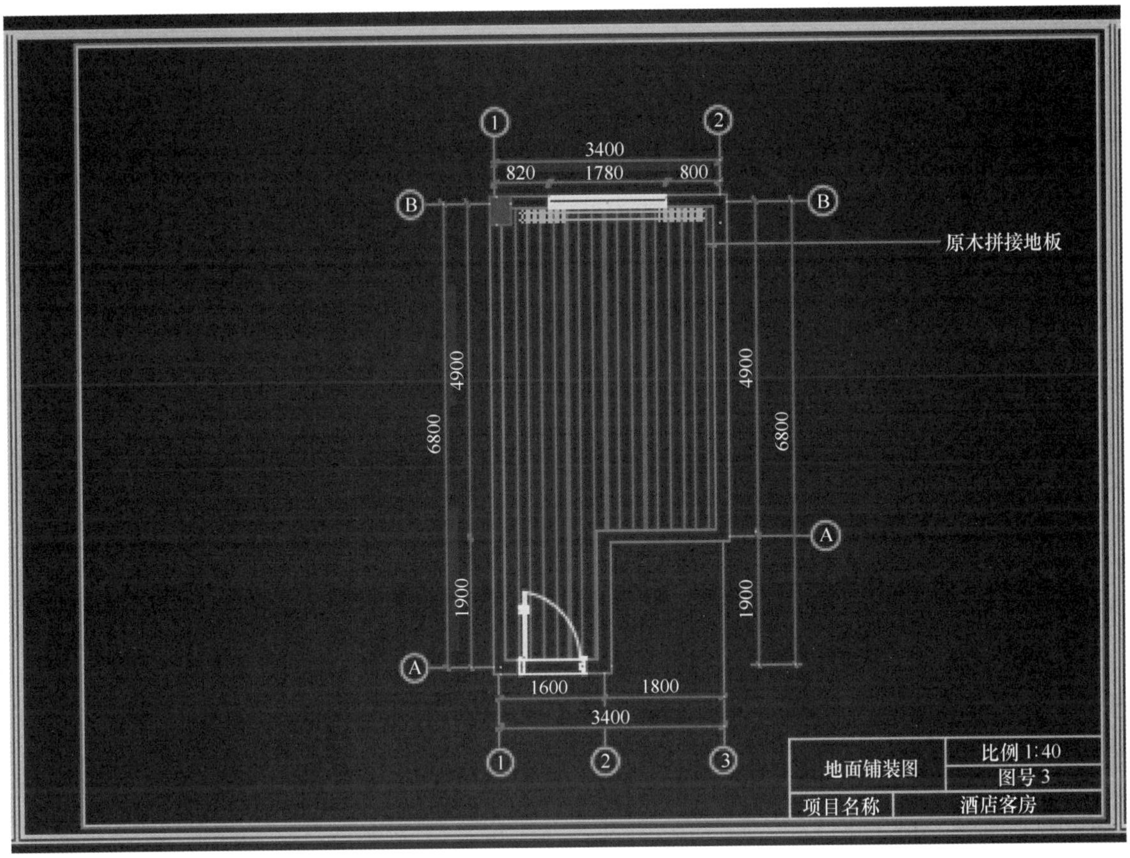

图 2-80　完成地面铺装图绘制

图 2-81　地面铺装模型示意图

任务四　绘制顶面天花图

天花的功能综合性较强，除装饰外，还兼有照明、音响、空调、防火等功能。其构造较为简单，造价较低。作为室内设计的重要部位，其设计是否合理对人的精神感受有较大影响。

天花的装修形式通常分为悬吊式和直接式：悬吊式天花造型相对复杂，涉及的尺寸、材料、颜色、工艺等要求较多，因此造价较高；直接式天花则利用原主体结构的楼板、梁进行饰面处理，其造型与工艺相对简单。

顶面天花就是顶面的布置图，通常包含灯位布置及顶面造型设计。通过顶面天花图，能够直观地看到顶面的造型设计与灯位设计，为后期的顶面装修做好准备。

一、复制标注、轴网及轴号

在布局空间复制标注、轴网及轴号，具体步骤如下：

① 新建“天花”图层并将其置为当前图层，如图 2-82 所示。

图 2-82　“天花”图层

② 双击进入顶面天花图绘图区，打开“图层特性管理器”对话框，关闭“家具”图层和“地面”图层，如图 2-83 和图 2-84 所示。

图 2-83　关闭“家具”图层

图 2-84　关闭“地面”图层

③ 如图 2-85 所示，将原始平面图的标注、轴网、轴号复制到顶面天花图中。

二、顶面天花图绘制

1. 吊顶绘制

吊顶绘制步骤如下：

① 在“默认”功能区中单击“绘图”面板中的“矩形”按钮，绘制尺寸为 3080mm×2600mm 的矩形。

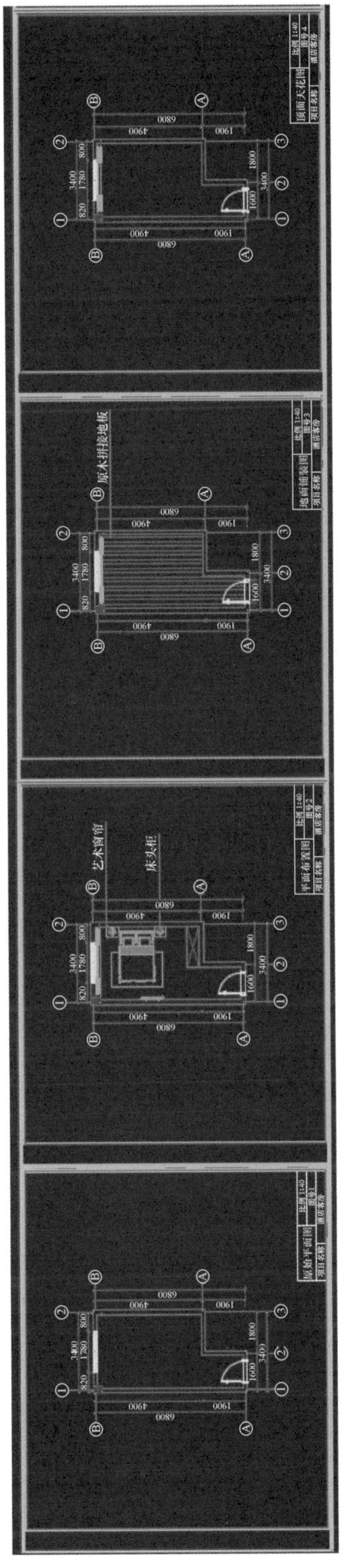

图 2-85　复制标注、轴网、轴号到顶面天花图

② 使用快捷键“O”将上述矩形向内偏移20mm。

③ 绘制完成后，按图2-86所示位置摆放。其中，左右间距均为300mm，上下间距均为810mm。

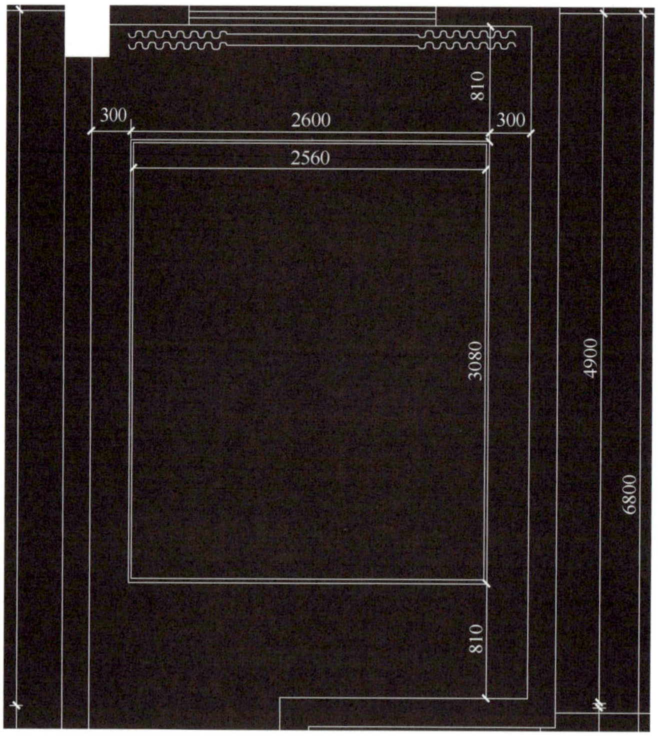

图2-86 吊顶绘制

2. 灯具绘制

灯具绘制步骤如下：

① 使用快捷键“C”绘制半径为50mm的圆，并将其向内偏移20mm，如图2-87所示。

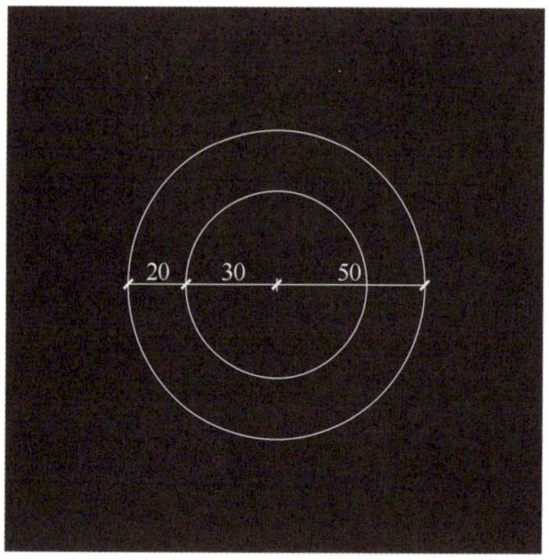

图2-87 圆绘制

② 使用快捷键“L”在上述圆中心绘制一个长度为 180mm 的十字，完成单个筒灯绘制，如图 2-88 所示。为了美观，将筒灯在天花图层的基础上调为黄色，如图 2-89 所示。

③ 如图 2-90 所示，绘制完成后，对其进行块定义，并命名为“筒灯”。单击“确定”按钮完成操作。

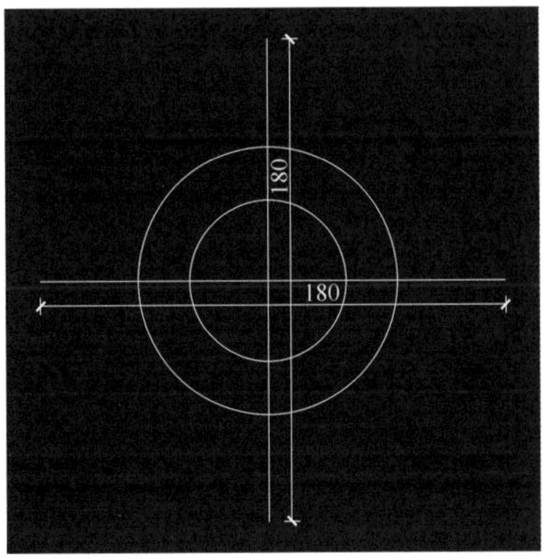

图 2-88　单个筒灯绘制

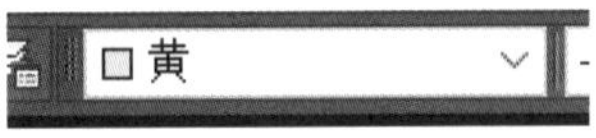

图 2-89　颜色调整

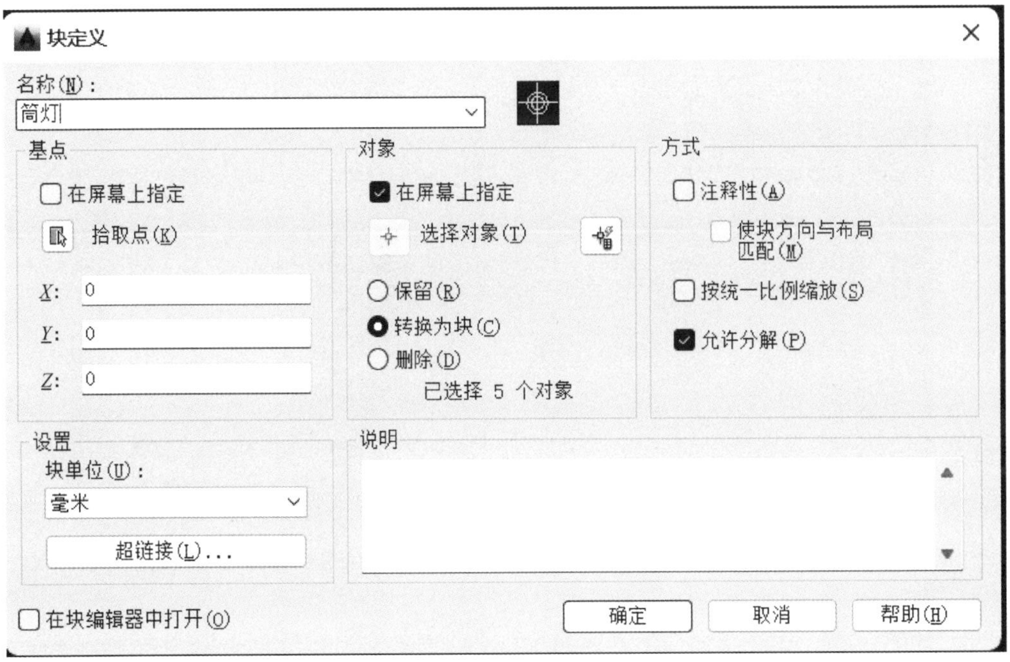

图 2-90　块定义

3. 筒灯位置摆放

筒灯位置摆放步骤如下：

① 在外框矩形的右侧与下侧，在其与相应墙体内侧边缘的中线处分别作辅助线，然后在外矩形框右侧与下侧的中心处分别作辅助线，并将筒灯图块放置到图 2-91 所示的位置。

② 使用快捷键“ML”，选中上述步骤中的筒灯，以吊顶矩形为镜像选取中点绘制另一侧筒灯，完成吊顶周围的灯具绘制，如图 2-92 所示。

③ 绘制门口走道处筒灯。如图 2-93 所示，先绘制走廊中心线，然后使用快捷键“CO”复制筒灯图块，将其放置在图示位置。

④ 完成顶面天花图绘制，锁定天花绘图区。顶面天花模型示意图如图 2-94 所示。

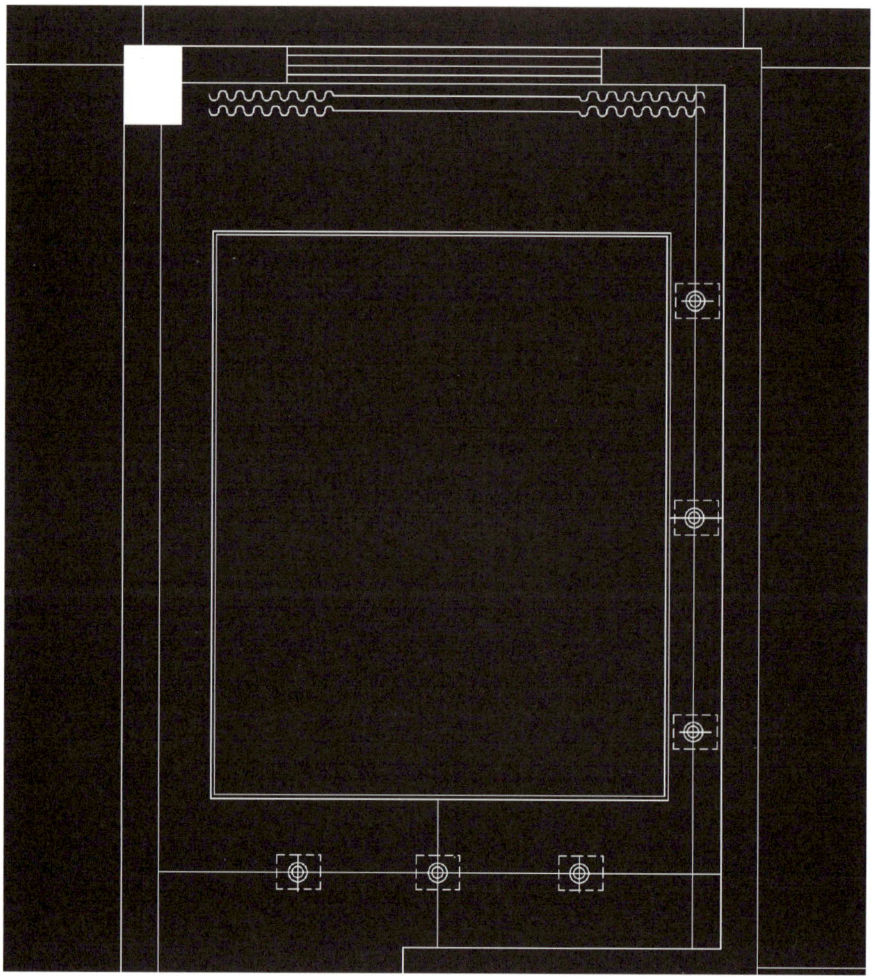

图 2-91　作辅助线并放置筒灯图块

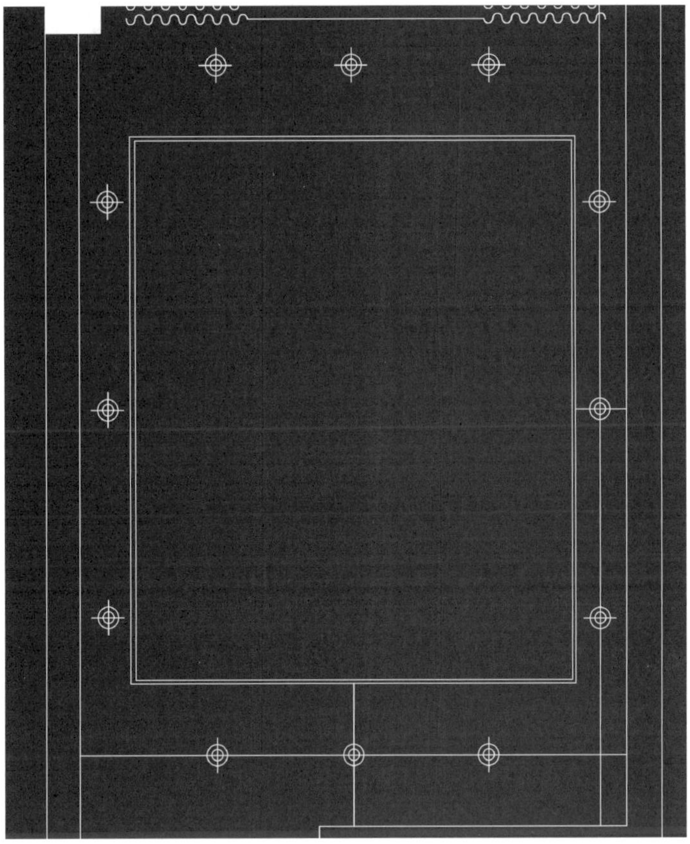

图 2-92　吊顶周围的灯具绘制

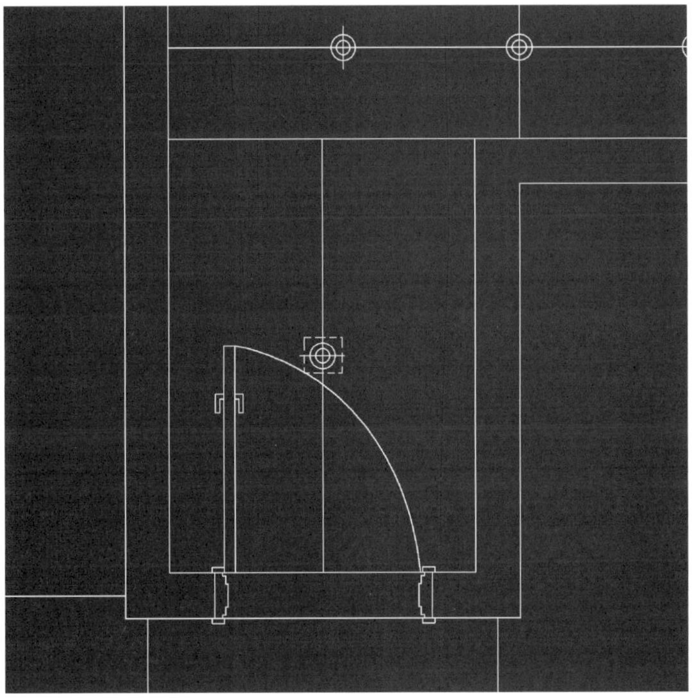

图 2-93　门口走道处筒灯绘制

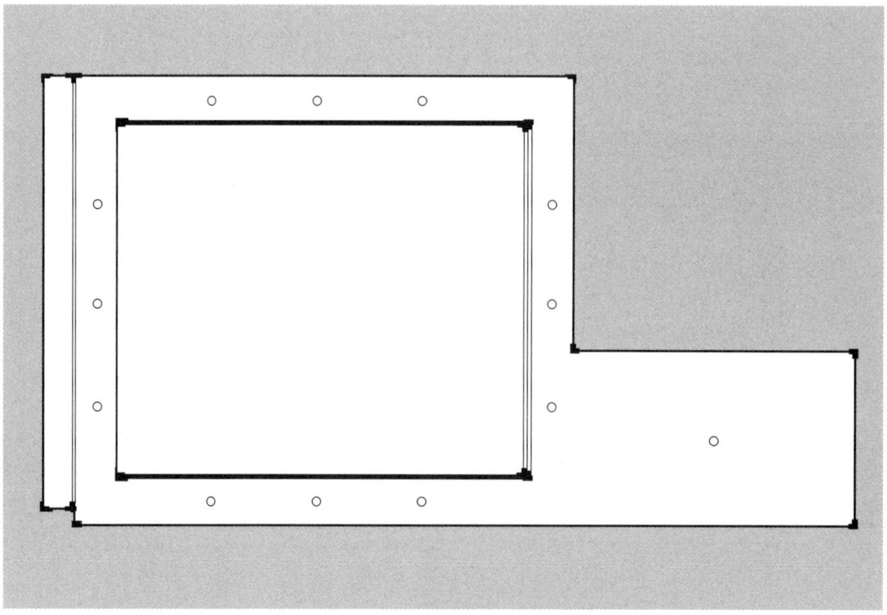

图 2-94　顶面天花模型示意图

项目三

贵宾接待室平面图绘制

目标任务及活动设计

教学目标

最终目标：

熟练运用 AutoCAD 软件中的绘图命令和编辑命令绘制室内平面图。

促成目标：

能够准确运用二维绘图命令和编辑命令绘制室内平面图。

工作任务

1. 能够看懂图纸，熟练摹绘室内平面图纸（居住空间），并能准确使用绘图命令和编辑命令。
2. 能够熟练运用 AutoCAD 软件绘制墙体和家具，并能标注文字和尺寸。
3. 能够熟练对图层、文字和标注进行相应设置。

主要实践知识

1. 二维绘图命令的操作方法和步骤，如直线、构造线、多线、圆、多边形、椭圆、矩形等。
2. 二维编辑命令的操作方法和步骤，如删除、镜像、移动、偏移、缩放、拉伸、延伸、打断、复制等。
3. 墙体绘制的几种方法。
4. “图层”对话框的设置，包括颜色、线型、线宽等的设置。
5. “文字格式”对话框的设置，包括字体、字号、特殊效果等的设置。
6. “标注”对话框的设置，包括尺寸线、文字、比例等的设置。
7. 文字输入的两种方法，包括单行文字和多行文字。

主要理论知识

1. 不同比例的室内平面图中文字大小的选择。
2. 不同线宽应归类于不同图层，以便于打印设置。
3. 强调作图过程的条理性，为文件输出做好准备。

任务一　图纸图框绘制

本项目以一贵宾接待室装饰施工图为例，进一步介绍利用 AutoCAD 软件绘制施工图的方法。本任务主要介绍图纸图框的绘制方法和过程。贵宾接待室样例如图 3-1 所示。

图 3-1　贵宾接待室样例图

1. 绘制外部图框

绘制外部图框的步骤如下：

① 启动 AutoCAD 软件，新建一个图形文件。

② 进入布局空间，新建“布局”图层，设置其图层特性，如图 3-2 所示。

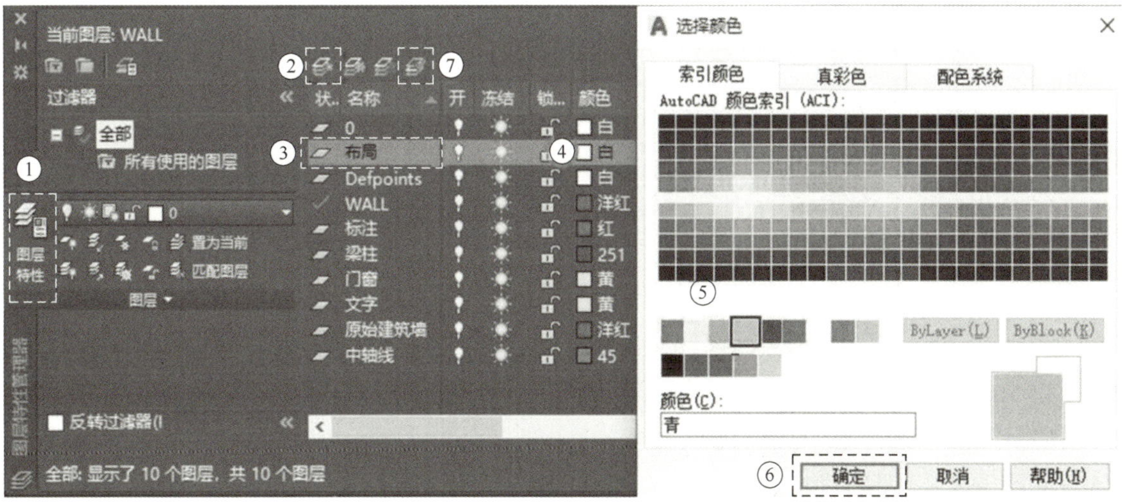

图 3-2　“布局”图层设置

③ 绘制 A3 图框，其外框尺寸为 420mm×297mm。如图 3-3 所示，使用快捷键“REC”绘制矩形外框，然后将其向内偏移 2mm 得到第一个内框，再将第一个内框向内偏移 3mm 得到第二个内框；

选中第二个内框，将光标移至其左侧边框线中心，向右移动鼠标，并输入偏移距离“20”。如图3-4所示，使用快捷命令“Ctrl+1”调出“特性”对话框，设置外框“全局宽度”为“1”，第一个内框“全局宽度”为0.3，第二个内框“全局宽度”为“0.7”。

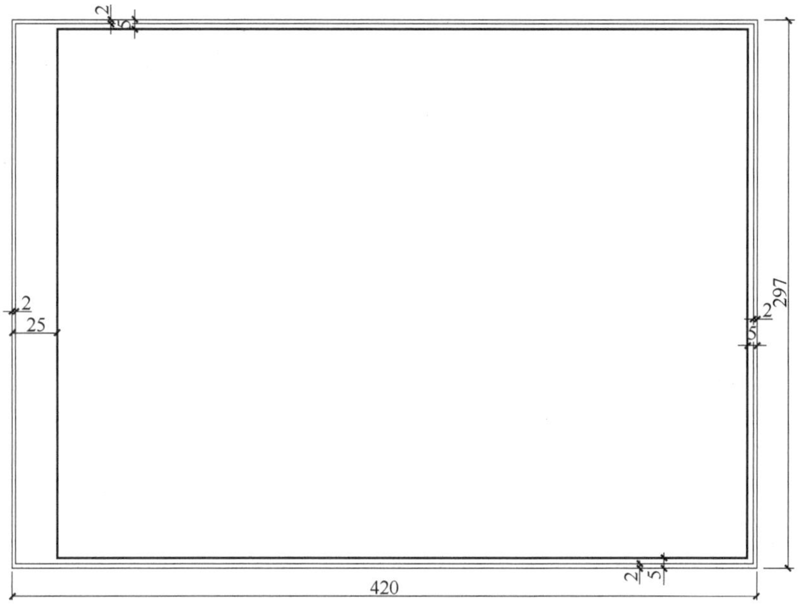

图3-3　绘制A3图框

(a) 外框设置　(b) 第一个内框设置　(c) 第二个内框设置

图3-4　“全局宽度”设置

2. 绘制图框内部文字说明部分的小图框

绘制图框内部文字说明部分小图框的步骤如下：

① 如图 3-5 所示，使用快捷键“F8”开启“正交模式”后，使用快捷键“L”绘制一条与图框重合的线段：指定第二个内框的右下角端点为第一个点，将光标向左移动，在命令行输入“120”，按 Enter 键两次确认并结束命令；选中上述绘制的线段，使用快捷键“O”将其向上偏移 30mm，按 Enter 键确认，并将与图框重合的线段删除；将偏移后的线段向下偏移两次，每次偏移 10mm，然后从最上方线段左侧端点向图框作垂线，并将作好的垂线向右偏移三次，偏移量分别为 50mm、10mm、30mm；使用快捷键“TR”修剪多余线段，完成小图框绘制。

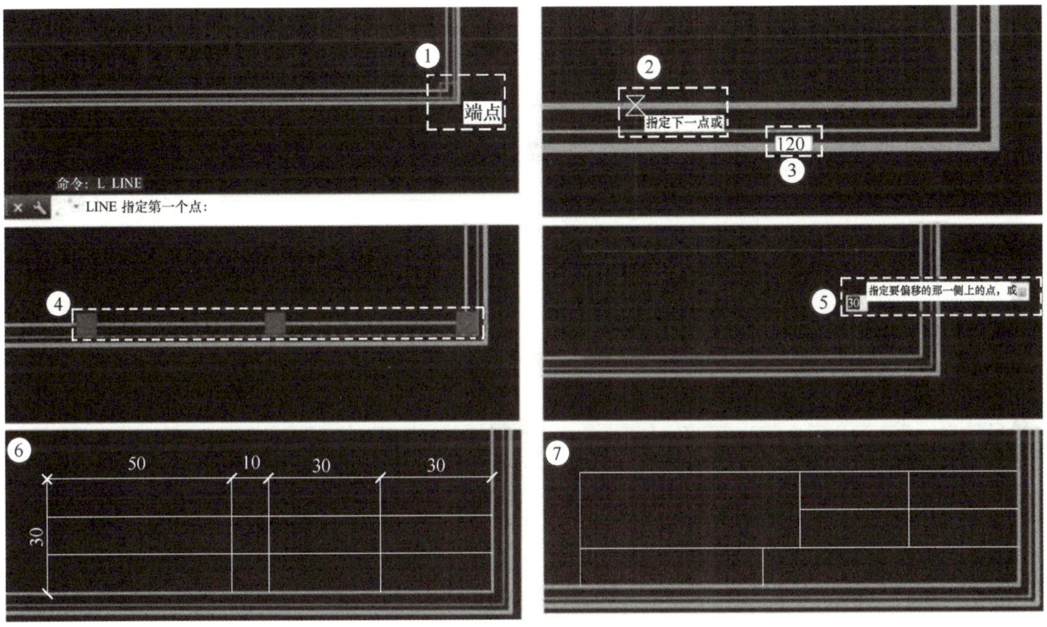

图 3-5　小图框绘制

② 编写图框内部文字，其字号设置如图 3-6 所示。

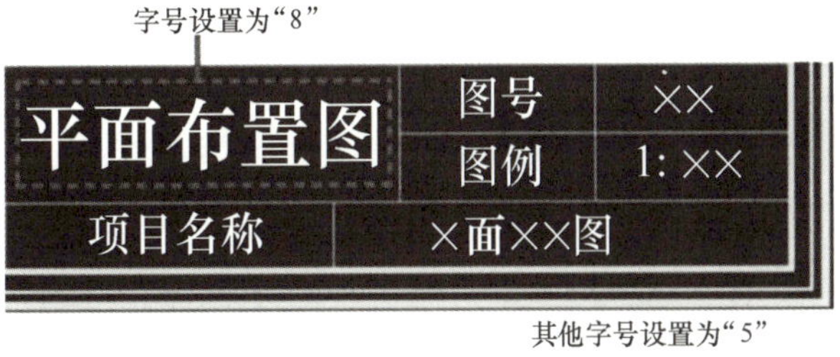

图 3-6　图框内部文字字号设置

3. 使用图框套图

如图 3-7 所示，使用快捷键“MV”进行布局视图设置。选中图框，指定左上角为起点，右下角为端点，使得在模型空间中绘制的图纸“进入”图框所在的布局空间；进行图纸位置及尺寸调整，设置合适的图纸比例，按“锁定”按钮将其锁定。值得注意的是，比例大小须根据图形在图框中的显示效果自行确定，绘图时图纸套图框的比例应尽量统一。图框布置效果如图 3-8 所示。

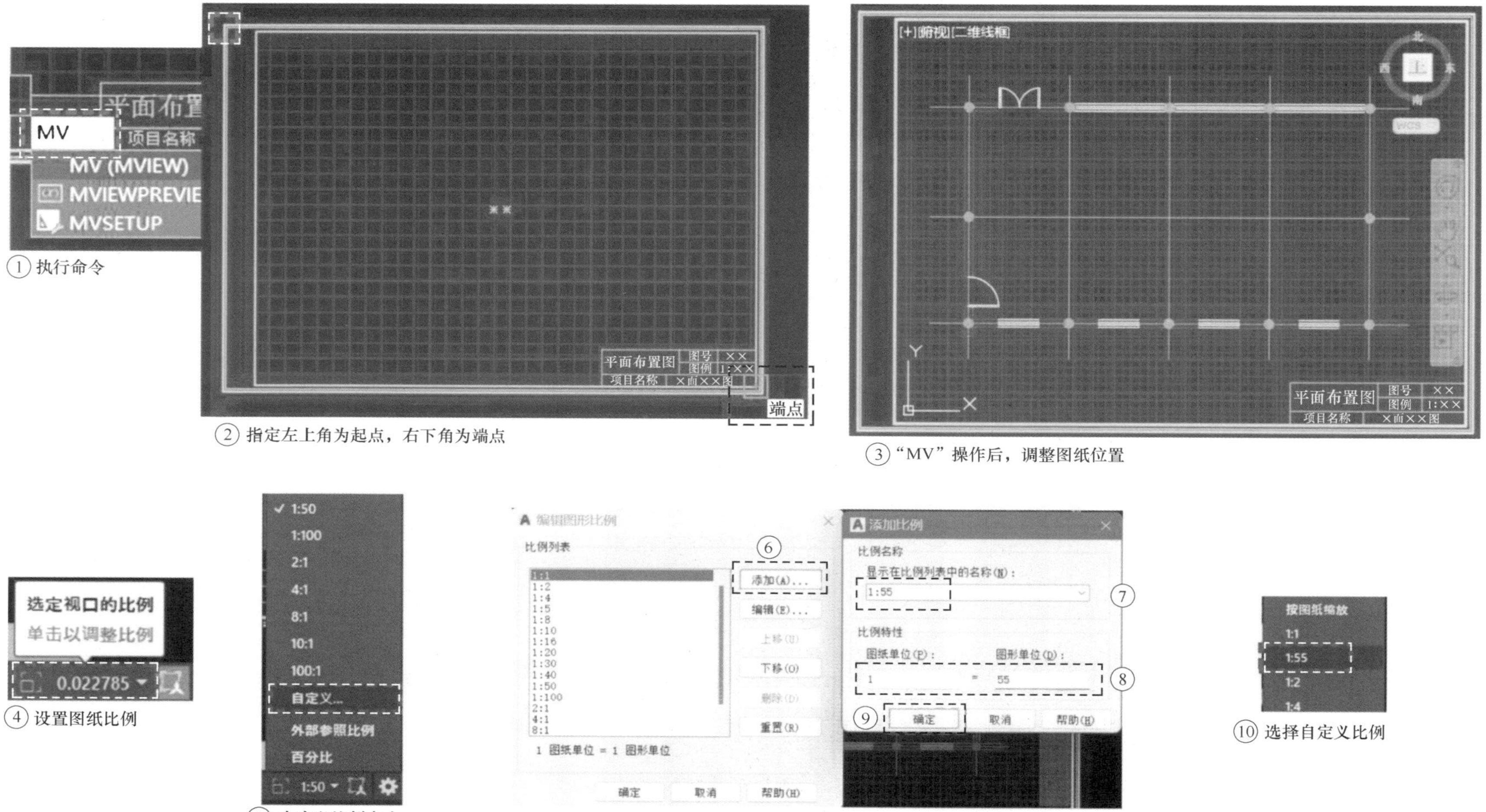

① 执行命令

② 指定左上角为起点，右下角为端点

③ “MV”操作后，调整图纸位置

④ 设置图纸比例

⑤ 自定义比例大小

设置自定义比例大小

⑩ 选择自定义比例

图 3-7　布局视图设置

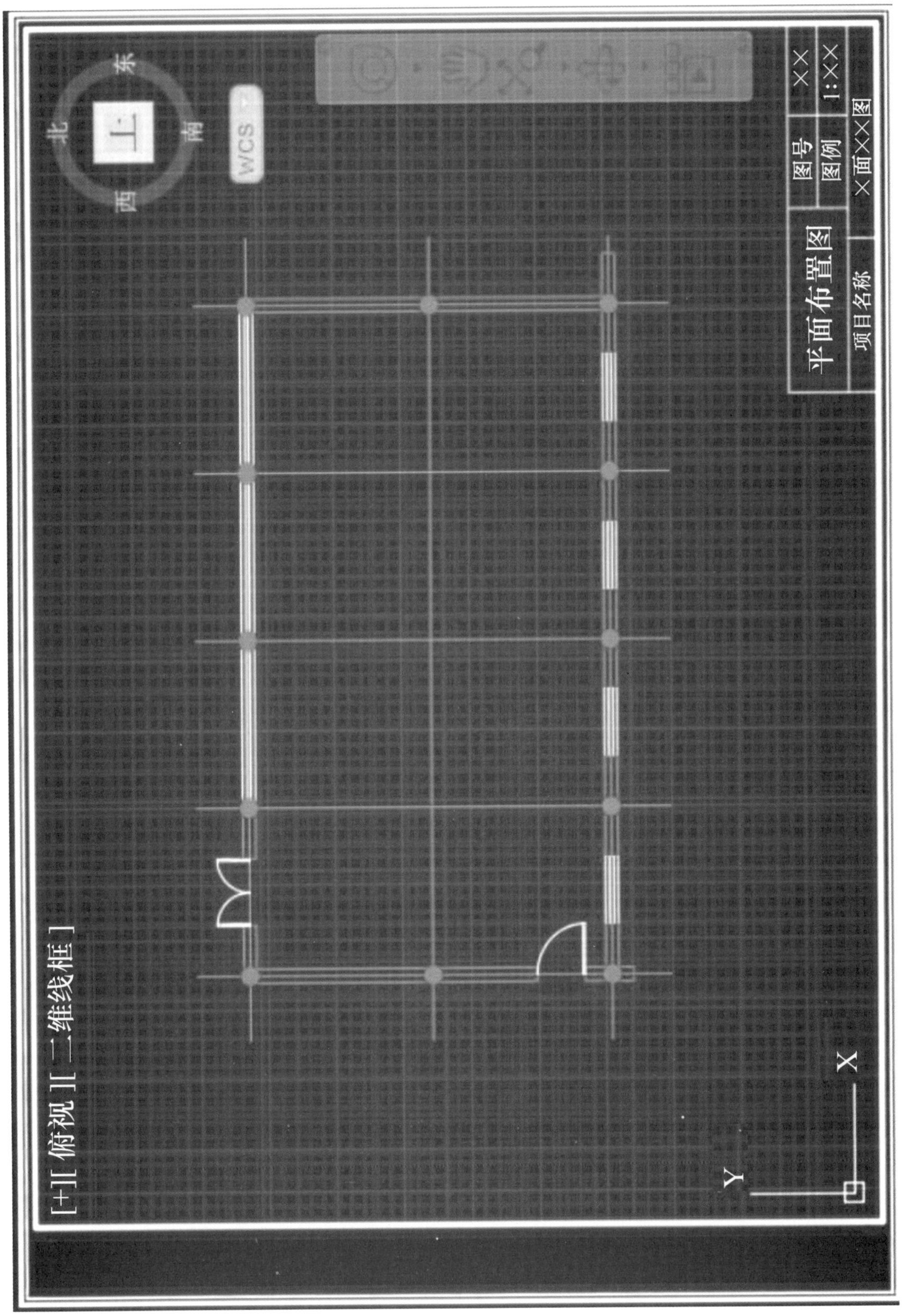

图 3-8 图框布置效果图

任务二　绘制原始平面图

贵宾接待室原始平面图如图 3-9 所示。本任务将详细介绍利用 AutoCAD 软件绘制该原始平面图的方法。

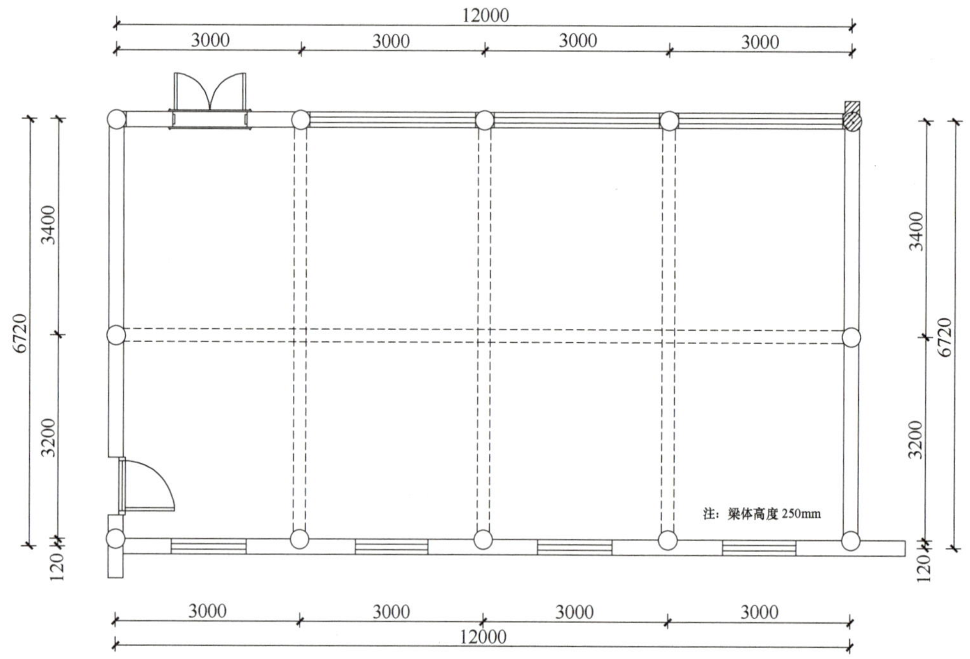

图 3-9　贵宾接待室原始平面图

一、绘制中轴线

中轴线绘制步骤如下：

① 启动 AutoCAD 软件，新建一个图形文件。

② 新建“中轴线”图层，设置轴线颜色、线型、线型比例。将“中轴线”图层置为当前图层，将“中轴线”图层颜色设置为 45 号；修改线型比例为“50. 0000”。

③ 开启“正交”模式。单击状态栏中的“正交模式”按钮，开启正交模式，准备制作水平和垂直的直线。

④ 在“默认”功能区中单击“绘图”面板中的“直线”按钮，在绘图区绘制两条长度为 20000mm 且相互垂直的直线，如图 3-10 所示。

⑤ 在“默认”功能区中单击“修改”面板中的“偏移”按钮，选择垂直方向的中轴线，连续向 *X* 轴正方向偏移四次，每次偏移量均为 3000mm。选择水平方向的中轴线，连续向 *Y* 轴负方向偏移 3400mm、3320mm。对偏移的中轴线进行夹点编辑（选择线段上的特征点，进行拉伸、旋转、复制、镜像等操作）确定墙体位置，偏移后的中轴线如图 3-11 所示。

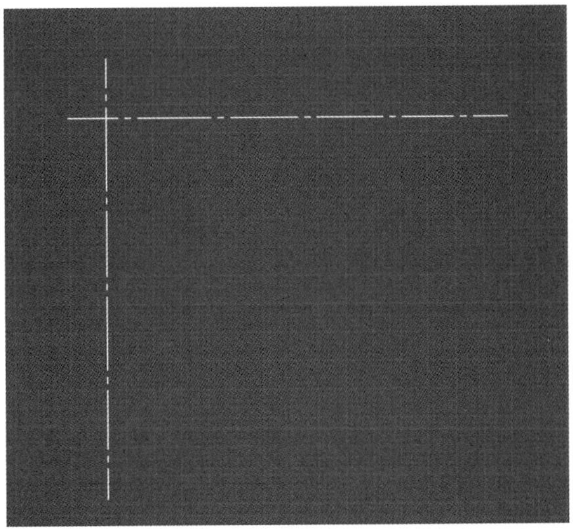

图 3-10　绘制中轴线

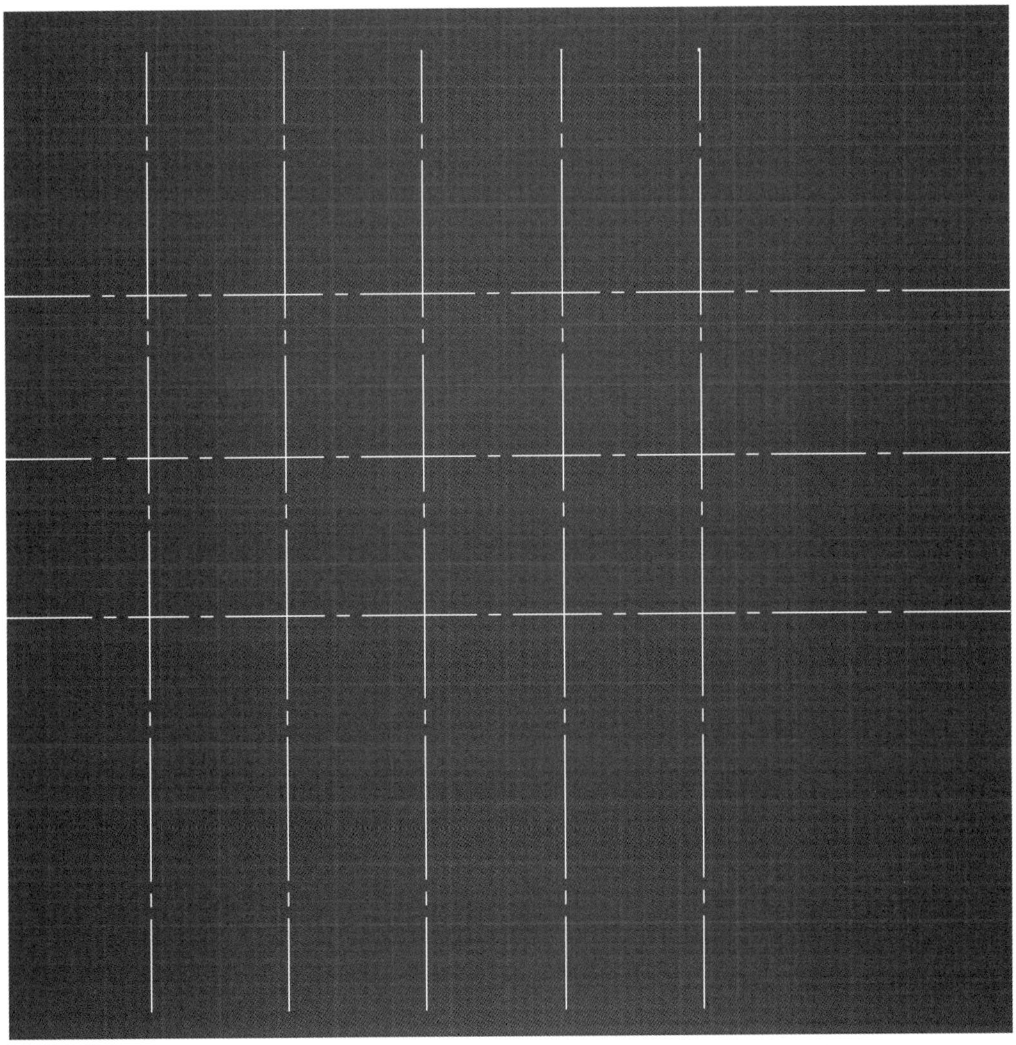

图 3-11　偏移后的中轴线

二、绘制墙体

在项目二任务二中已经介绍了 AutoCAD 软件绘制墙线的两种方法，本例采用第二种方法绘制墙线，具体步骤如下：

① 新建“原始建筑墙体”图层，颜色设置为 6 号玫红色，将其置为当前图层。

② 执行“格式”→“多线样式”命令，在弹出的“多线样式”对话框中单击“新建”按钮，打开“创建新的多线样式”对话框。在“新样式名”文本框中输入样式名为“墙”，单击“继续”按钮，弹出如图 3-12 所示的对话框，在“图元”选项组中，修改偏移量分别为“120”“-120”，以创建 240mm 厚的墙体多线样式。将创建的多线样式置为当前样式。

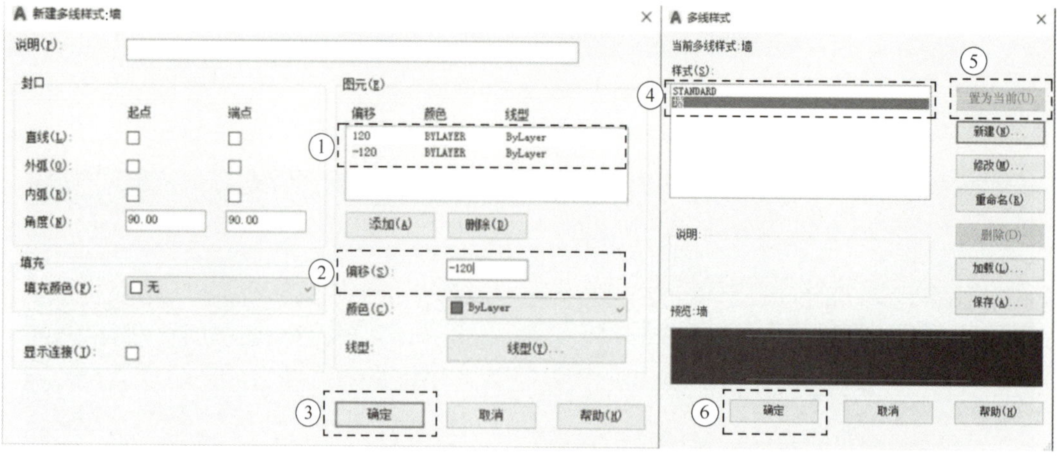

图 3-12 “多线样式”设置

③ 执行“绘图”→“多线”命令，设置“对正=无，比例=1，样式=墙”，捕捉轴网交点，绘制如图 3-13 所示的接待室墙体。

图 3-13 接待室墙体

④ 在“默认”功能区中单击“修改”面板中的“分解”按钮，分解多线并修剪多余的线段，结果如图 3-14 所示。

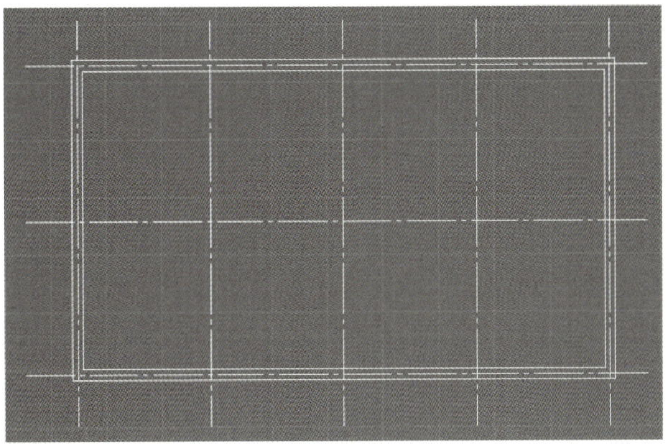

图 3-14　分解、修剪后的墙体

⑤ 将墙线定义成块，方便后期在参照编辑中修改，保证作图的稳定性，减少不必要的操作。

⑥ 框选所有中轴线，输入快捷命令“B”后按 Enter 键，编辑块名称为“墙体”，完成块定义。

⑦ 选中墙线，单击“参照编辑”中的“在位参照编辑”按钮，单击参照名为“墙体”的对象，进入“参照编辑”对话框。完成设置后即可进行下一步开门窗洞的操作。

三、开门窗洞

门洞和窗洞的尺寸及位置如图 3-15 所示。

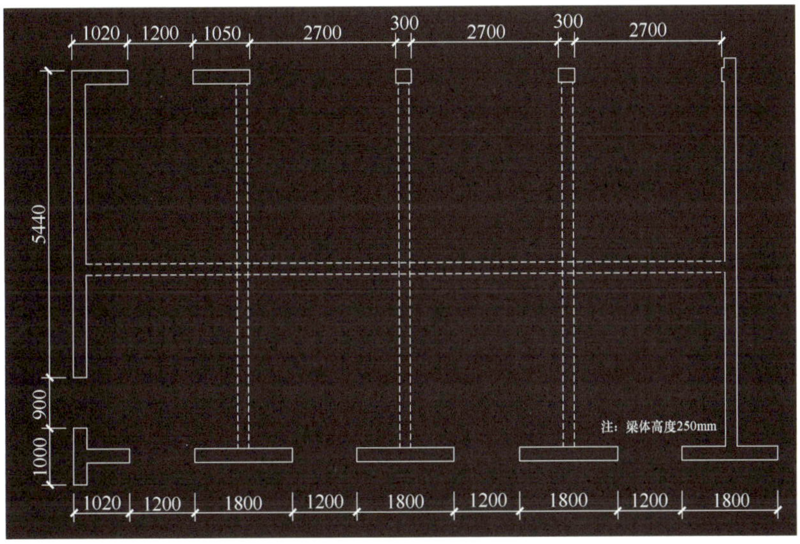

图 3-15　门洞和窗洞的尺寸及位置

开门窗洞的操作步骤如下：

① 隐藏“中轴线”图层，以方便后续操作。

② 在“默认”功能区中单击“绘图”面板中的“直线”按钮，捕捉墙体左上角端点，然后水平向右移动光标，输入门洞距离墙线的距离，按 Enter 键，得到第一个端点，如图 3-16 所示。

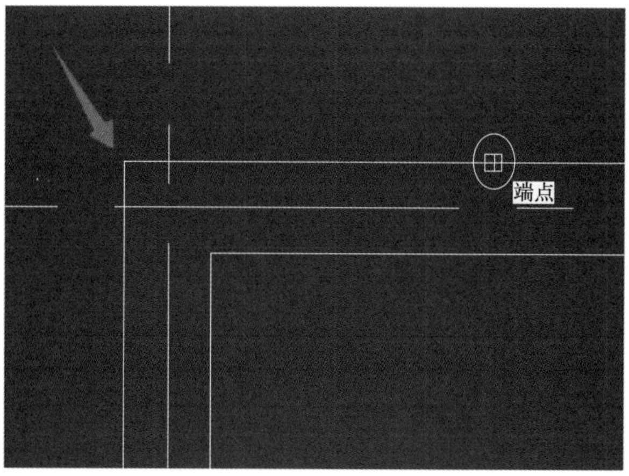

图 3-16　确定直线的第一个点

③ 垂直向下移动光标，捕捉并单击下端墙线的垂足，确定第二个点，如图 3-17 所示。

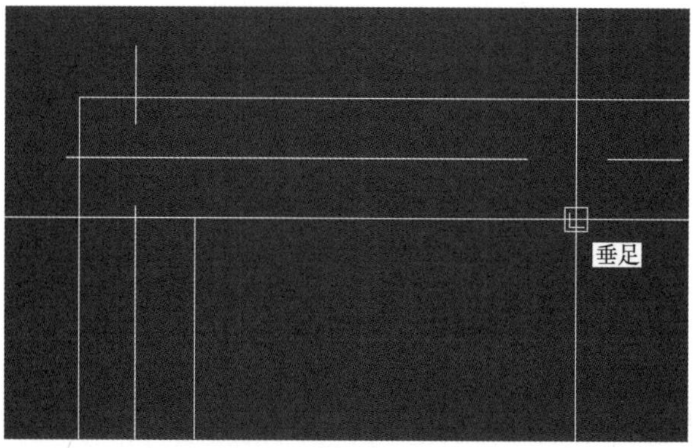

图 3-17　确定直线的第二个点

④ 绘制完成的垂直线段如图 3-18 所示。

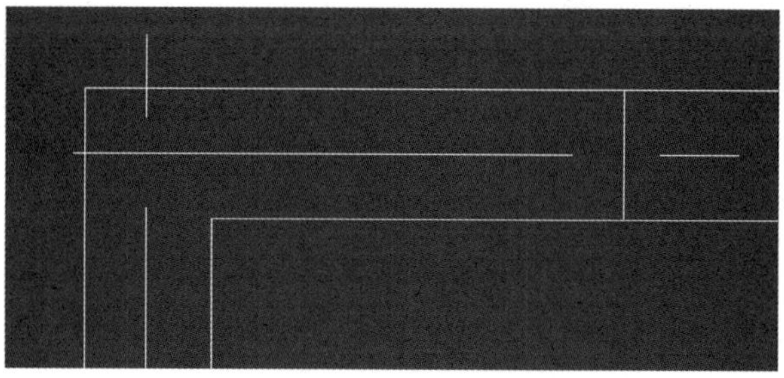

图 3-18　绘制完成的垂直线段

⑤ 在“默认”功能区中单击“修改”面板中的“偏移”按钮，将绘制的垂直线段向右偏移，偏移距离为门洞的宽度 1200mm，偏移后得到门洞右侧的直线，如图 3-19 所示。

⑥ 在“默认”功能区中单击“修改”面板中的“修剪”按钮，修剪两线段之间的墙线，得到门洞，如图 3-20 所示。

绘制。

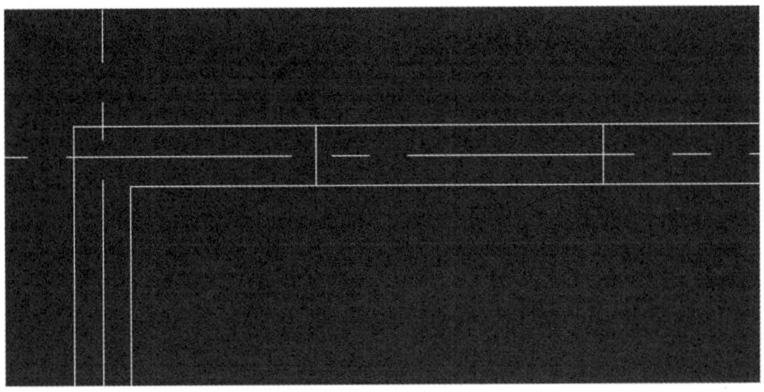

图 3-19 偏移直线

图 3-20 修剪墙线得到门洞

⑦ 用相同的方法绘制其他门洞与窗洞，如图 3-21 所示。

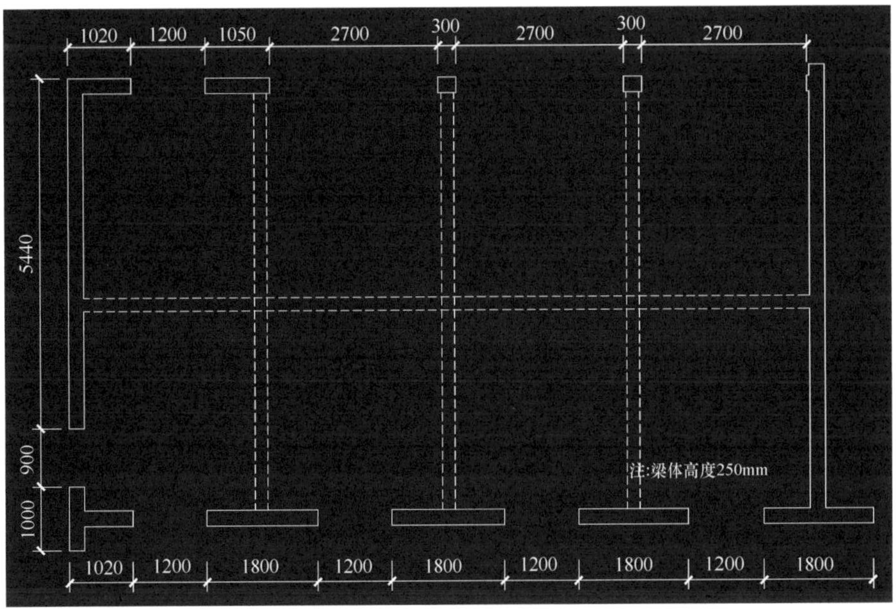

图 3-21 绘制门洞与窗洞

⑧ 完成门洞与窗洞的绘制后，单击“参照编辑”中的“保存参照编辑”按钮，完成墙体绘制。

⑨ 框选所有中轴线，输入快捷命令“B”后按 Enter 键，编辑块名称为“中轴线”。如图 3-22 所示，设置“拾取点”于墙线左下角，完成块定义。

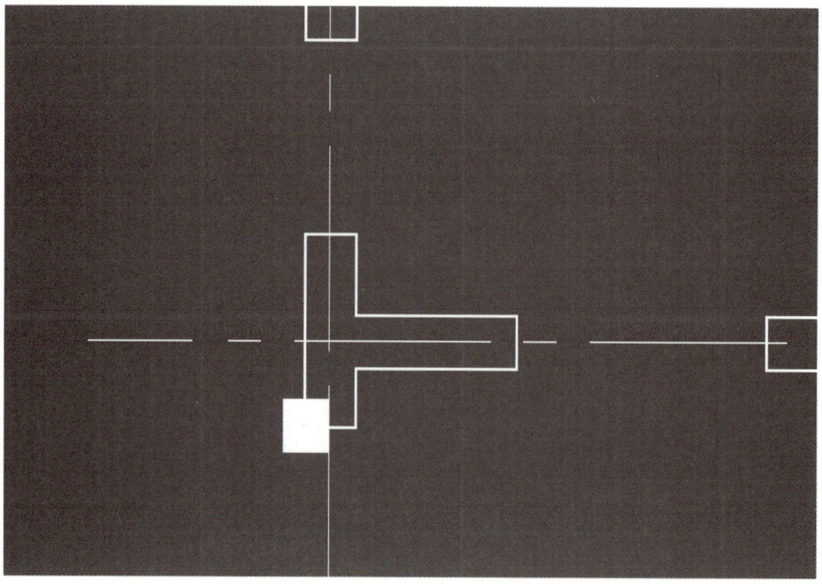

图 3-22 “拾取点”位置选定

绘制完门洞与窗洞后的完整墙体示意图如图 3-23 所示。

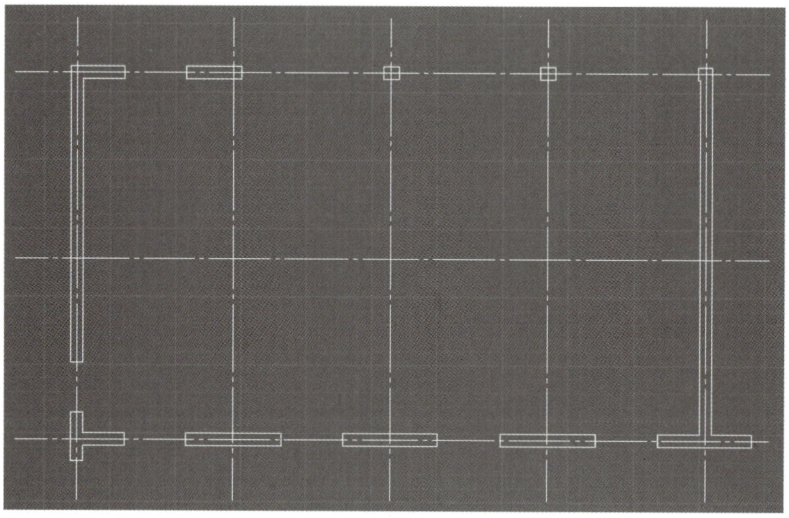

图 3-23 完整墙体示意图

四、绘制门窗

1. 绘制窗

绘制窗的操作步骤如下：

① 新建“门窗”图层，设置颜色为洋红，并将其置为当前图层。

② 执行“格式”→“多线样式”命令，系统将自动弹出“多线样式”对话框。新建多线样式，命名为“窗”，在“图元”选项组中，单击“添加”按钮两次，修改图元偏移数值，如图 3-24 所

示。修改后，将该样式置为当前样式。

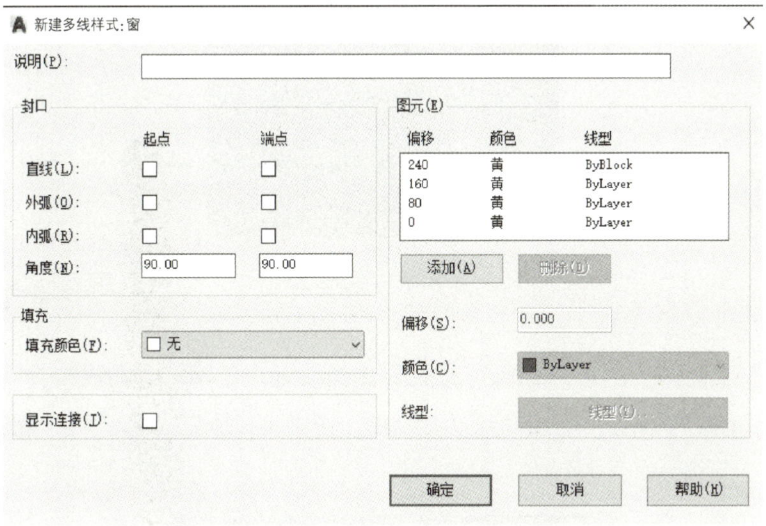

图 3-24 “新建多线样式：窗”对话框

③ 用多线绘制窗户。执行“绘图”→“多线”命令，设置“对正=下，比例=1，样式=窗”，捕捉窗洞的端点，绘制如图 3-25 所示的接待室室内窗户。

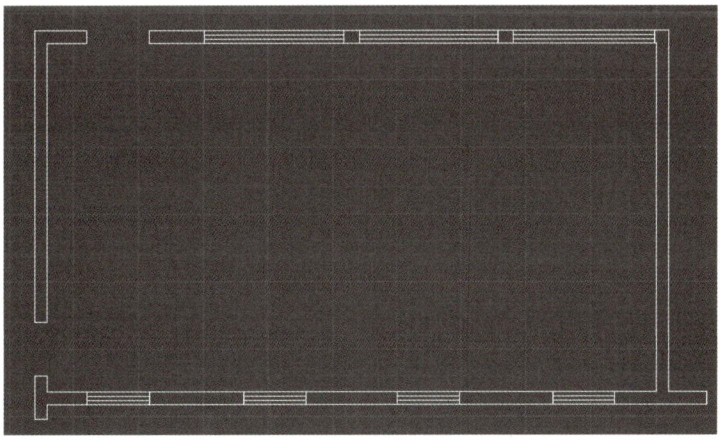

图 3-25 接待室室内窗户绘制

④ 绘制好第一个窗户后，即可将其定义成块并进入“参照编辑”进行后续绘制。绘制完成后，单击“保存参照编辑”按钮完成绘图。

2. 绘制门

绘制门的操作步骤如下：

① 继续留在当前图层。

② 绘制单开门。在“默认”功能区中单击“绘图”面板中的“矩形”按钮，捕捉门洞墙线中点作为第一点，输入（900，40），绘制如图 3-26 所示的矩形。

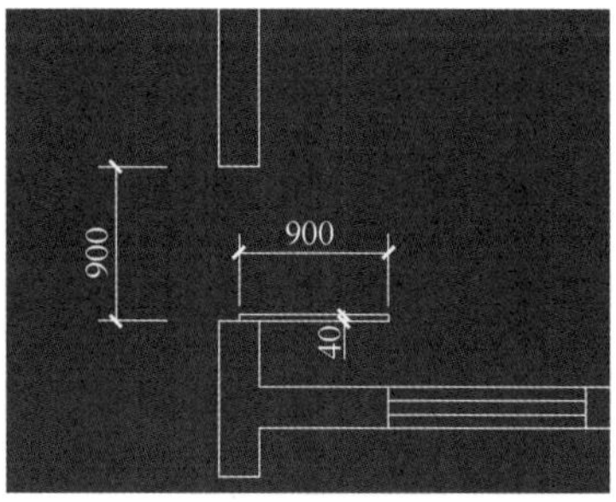

图 3-26　绘制矩形

③ 在“默认”功能区中单击“圆弧”按钮，选择“起点，圆心，角度”命令，捕捉矩形右下角点为起点、左下角点为圆心，输入角度为“90”，按 Enter 键完成单开门绘制，结果如图 3-27 所示。

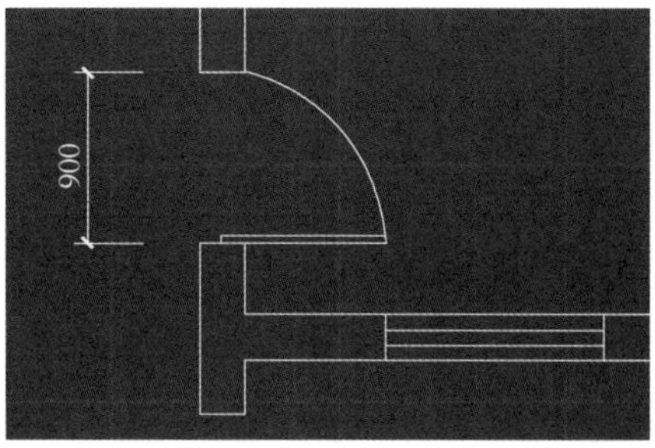

图 3-27　单开门绘制

④ 绘制双开门。用绘制单开门的方法先绘制一个单开门，然后使用快捷键“MI”，以圆弧的右端点所在垂直线为对称轴，镜像复制单开门，得到接待室的双开门，如图 3-28 所示。

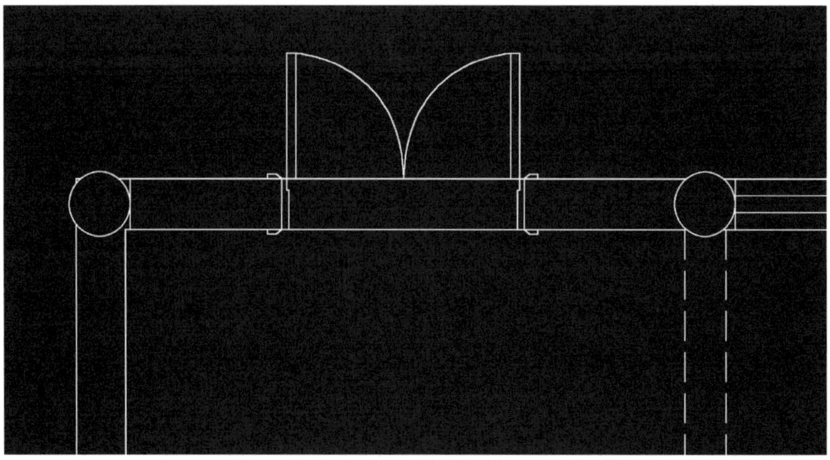

图 3-28　双开门绘制

⑤ 进入布局空间绘制后续图纸，确保出图时线段的线型、比例准确无误。

五、绘制梁柱

1. 承重柱绘制

承重柱绘制操作步骤如下：

① 新建“梁柱”图层，设置颜色为 251 号灰色，并将其置为当前图层。

② 打开之前隐藏的“中轴线”图层，方便放置柱体。按照图纸中柱位置在中轴线交点处放置柱。在“默认”功能区中单击“绘图”面板中的“圆”，设置柱半径为 150mm，在绘图区任意空白处绘制圆。绘制好圆后对其进行填充，然后在命令行中输入“T”后按 Enter 键，进行填充设置。设置完成后单击已绘制好的圆进行填充，然后按 Enter 键完成柱填充，填充后的柱如图 3-29 所示。

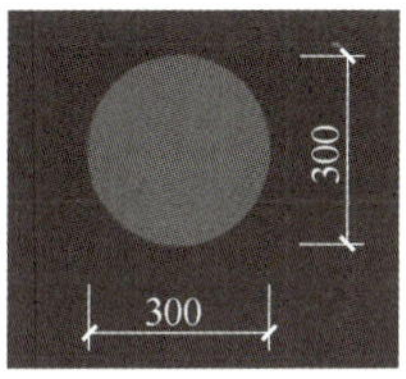

图 3-29　填充后的柱

③ 将绘制好的单体柱定义成块，然后进入“参照编辑”，使用快捷键“CO”及“MI”进行剩余柱的放置，完成后单击“保存参照编辑”按钮，操作过程如图 3-30 所示。

2. 梁绘制

在“梁柱”图层进行梁绘制。以梁柱与墙面的交接处为起点，向下垂直绘制第一根梁线，调整其线型；复制已绘制的梁线，得到另一根梁线，对两根梁线进行块定义后进入“参照编辑”，复制其余梁线，单击“保存参照编辑”按钮完成梁绘制，操作过程如图 3-31 所示。

3. 根据图纸调整梁、柱与轴线位置

根据图纸调整梁、柱与轴线位置，具体步骤如下：

① 将绘制好的柱全部选中并定义成块。

② 进入“参照编辑”框选柱并将其移动到合适位置。

③ 选中轴线，进入“参照编辑”进行修改。

图 3-32 所示为平面图完成布局窗口展示。

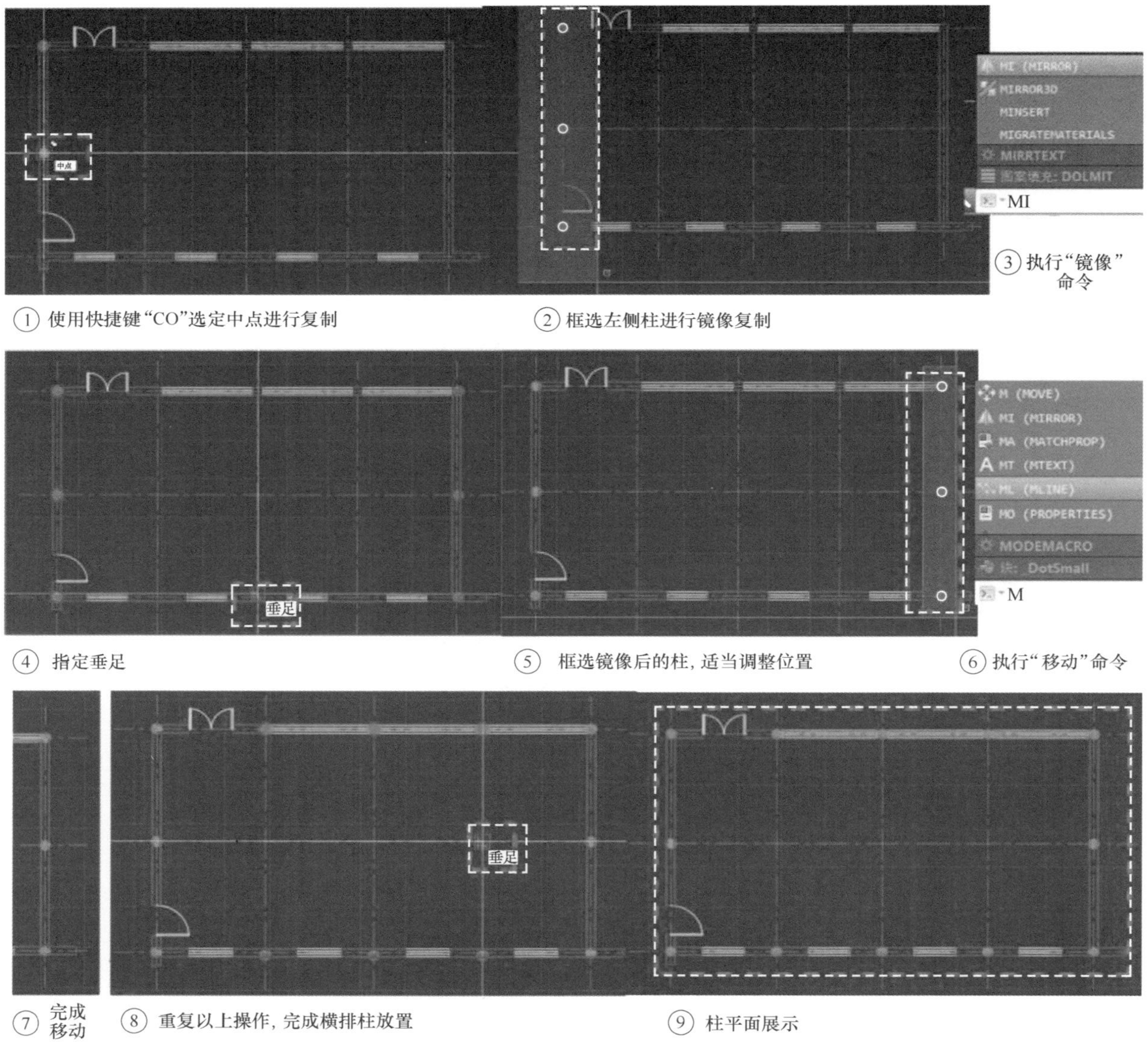

图 3-30　柱放置操作过程

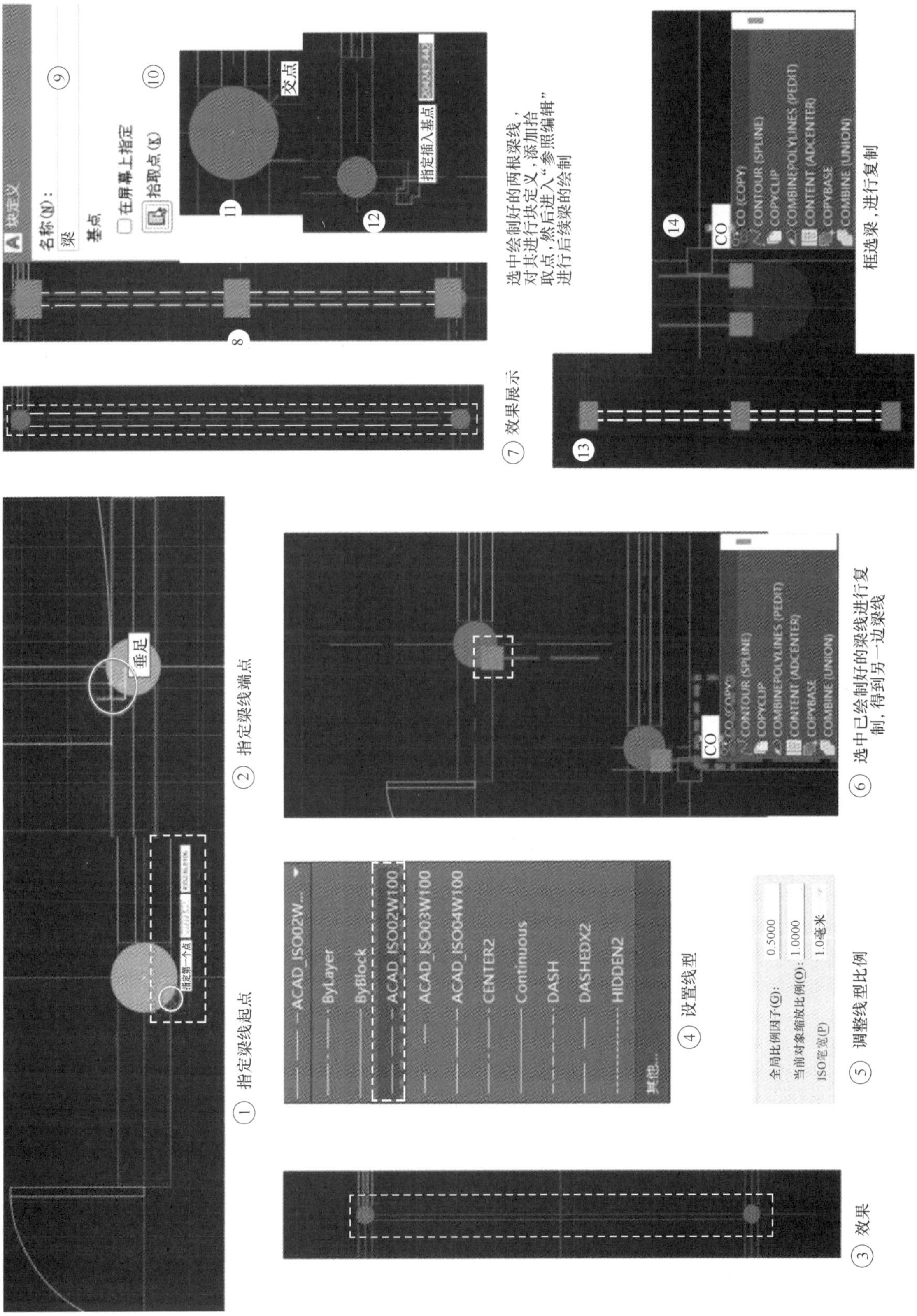

图 3-31 梁绘制操作过程

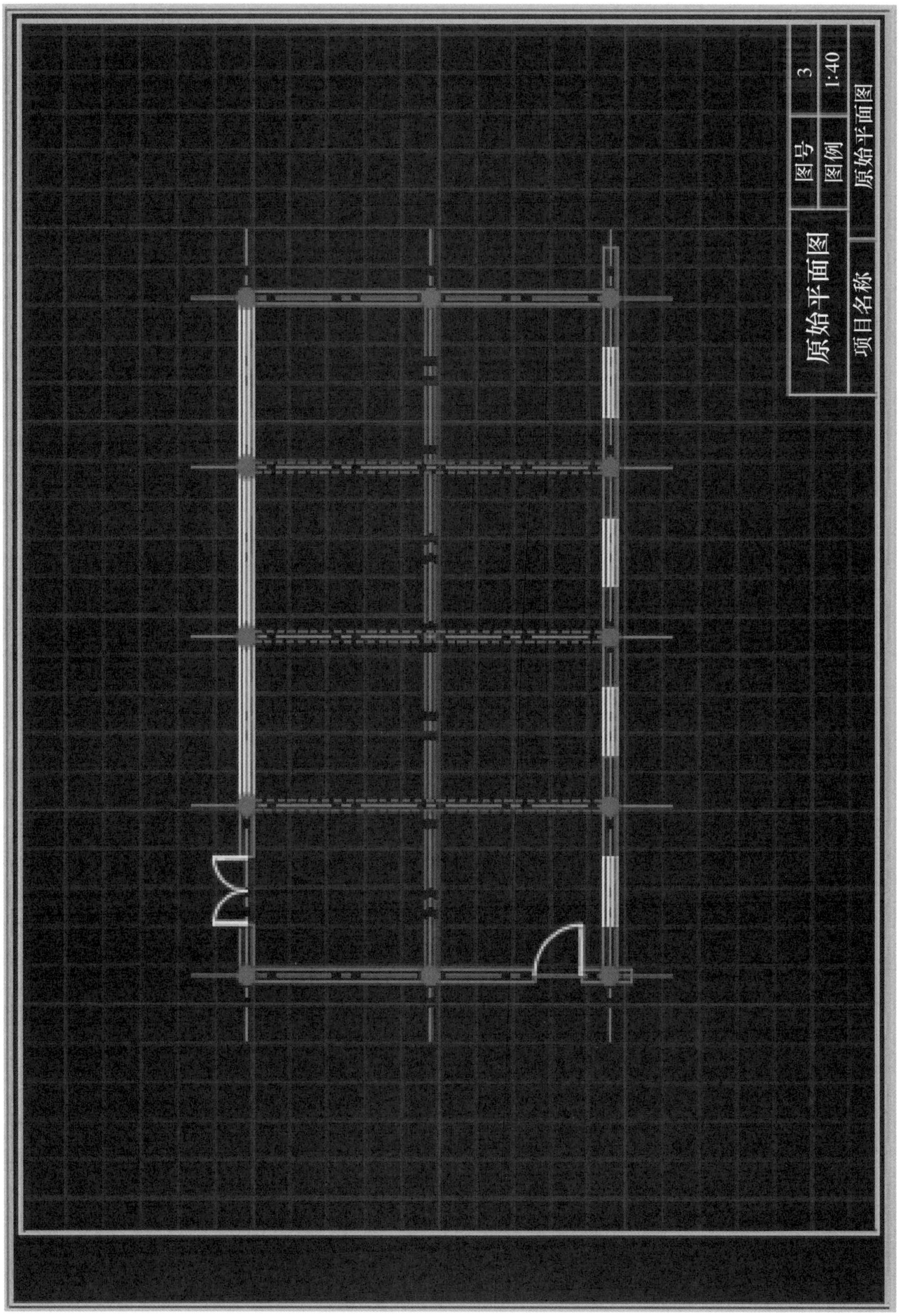

图 3-32 平面图完成布局窗口展示

任务三　绘制平面布置图

接待室平面布置图如图 3-33 所示。

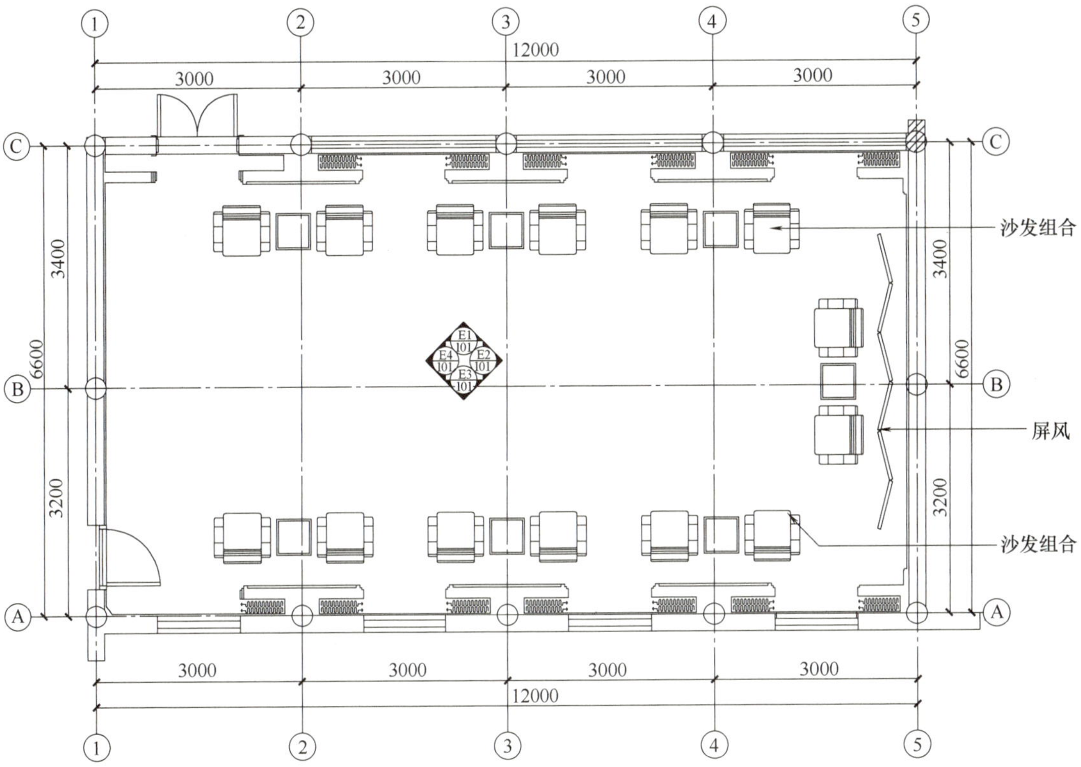

图 3-33　接待室平面布置图

一、复制图框并在布局空间进行平面布置图前期绘制

如图 3-34 所示，复制图框并在布局空间进行平面布置图前期绘制，具体步骤如下：

① 在布局窗口框选选中图框。

② 使用快捷键“CO”，指定端点，一次复制多个图框。

③ 进入“图层特性管理器”对话框，冻结“梁”图层。

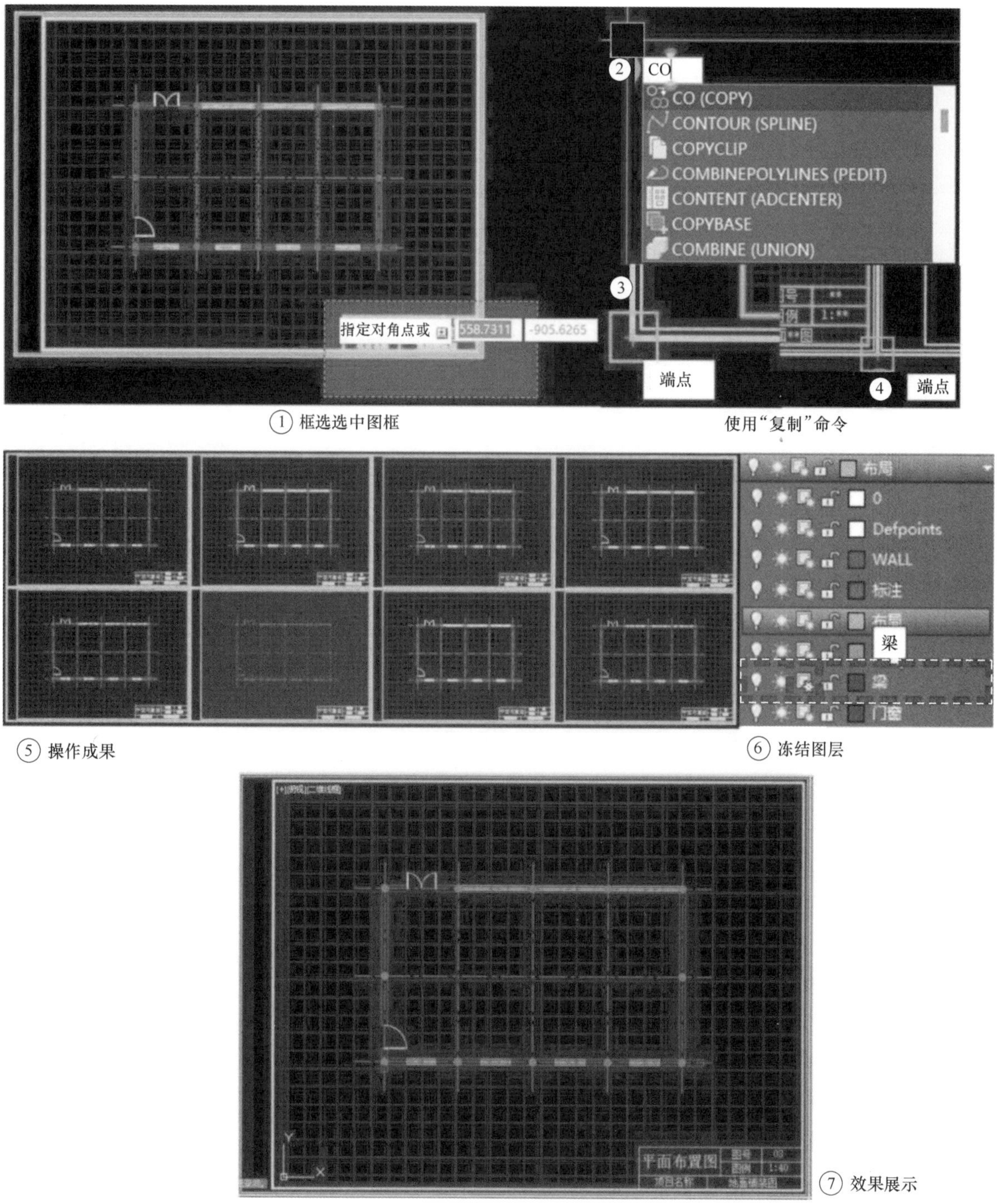

图 3-34 平面布置图前期绘制及效果展示

二、装饰完成面（窗帘盒）绘制

装饰完成面（窗帘盒）绘制步骤如下：

① 新建一个“装饰完成面”图层，颜色设置为 3 号绿色，并将其置为当前图层。

② 看图判断距离，确定窗帘盒位置，使用快捷命令进行绘制。如图 3-35 所示，使用快捷命令“XL”在墙面与窗户界线处作辅助线，利用辅助线确定窗帘盒的位置和尺寸；使用快捷命令“REC”绘制窗帘盒，完成后将辅助线删除；将绘制好的窗帘盒定义成块后，单击“确定”按钮完成操作。

③ 进入“参照编辑”，绘制后续完成面。如图 3-36 所示，双击已绘制好的窗帘盒图块，进入“参照编辑”，绘制窗帘盒脚边：在窗帘盒右上角点，使用快捷命令“L”绘制 10mm×20mm 的窗帘盒脚边；使用快捷命令“TR”修剪多余线段，然后选中绘制好的窗帘盒脚边进行镜像操作；完成镜像后，修剪另一端多余线段。

④ 绘制窗帘盒外框造型，理解其构造，具体操作如图 3-37 至图 3-42 所示。

⑤ 绘制完成后，保存并退出“参照编辑”，拉入窗帘模型继续绘制，如图 3-43 至图 3-48 所示。

⑥ 使用快捷命令“TR”修剪多余线段，衔接装饰完成面，如图 3-49 所示。

⑦ 按上述方法，绘制双开门处装饰完成面。

⑧ 绘制完成后，为确保装饰完成面的完整性，首先从参照编辑中保存并退出，重新从 CAD 图形素材库中调取带门套的动态门窗进行替换，如图 3-50 所示。

⑨ 进入“门”块参照编辑后，框选从图形素材库中导入的动态门，单击图 3-51 中箭头处的“添加到工作集”，将动态门加选到“门”块参照编辑中。

⑩ 将动态门图形添加到“门”块中，然后框选并删除原动态门图形，将新的动态门图形定位定点放置在原动态门位置，具体操作如下：框选门→使用快捷命令“RO”将其旋转到合适角度→使用快捷命令“M”进行定点移动→调节动态门的尺寸，使其适应门洞。两扇门都放置好后，保存并退出参照编辑，然后开始装饰完成面与门的对接，如图 3-52 所示。

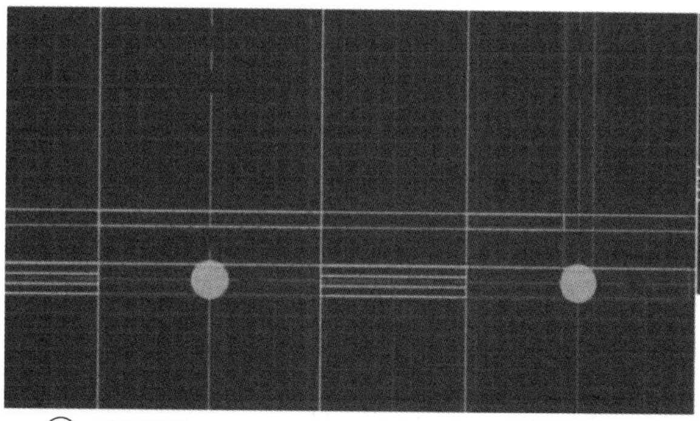

① 作辅助线

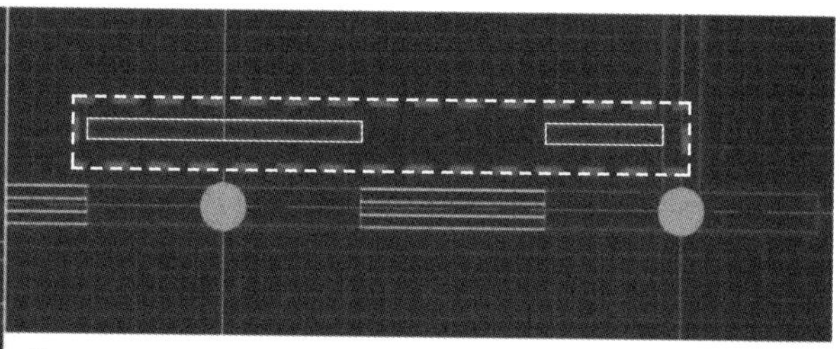

② 绘制窗帘盒

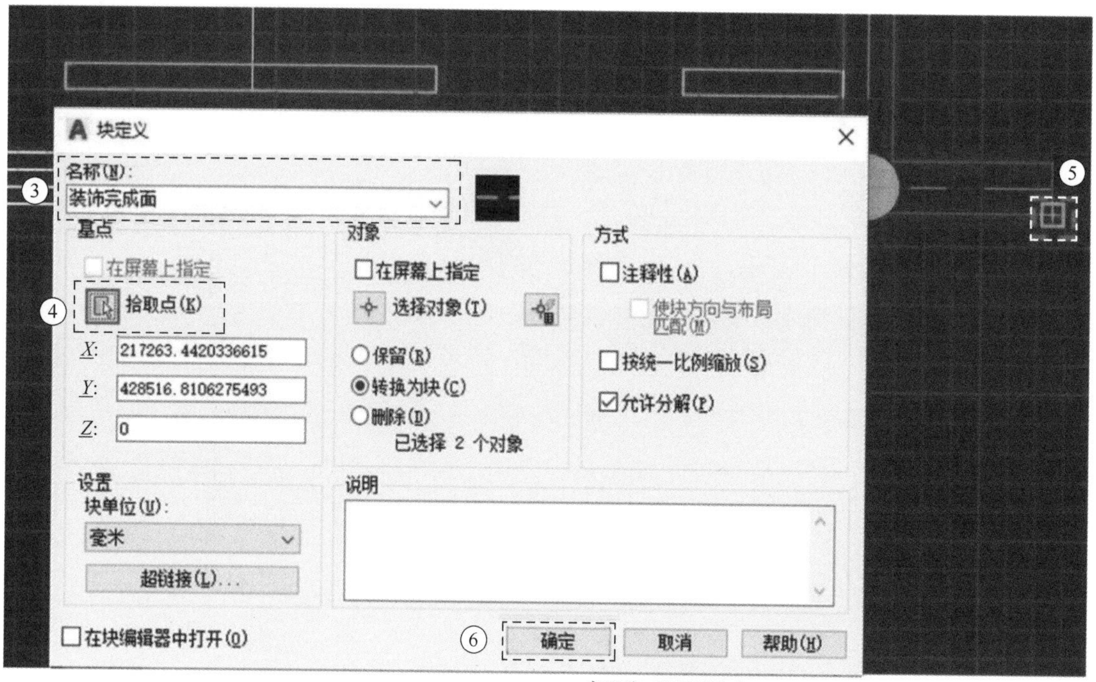

定义块，设置拾取点

图 3-35　窗帘盒绘制（一）

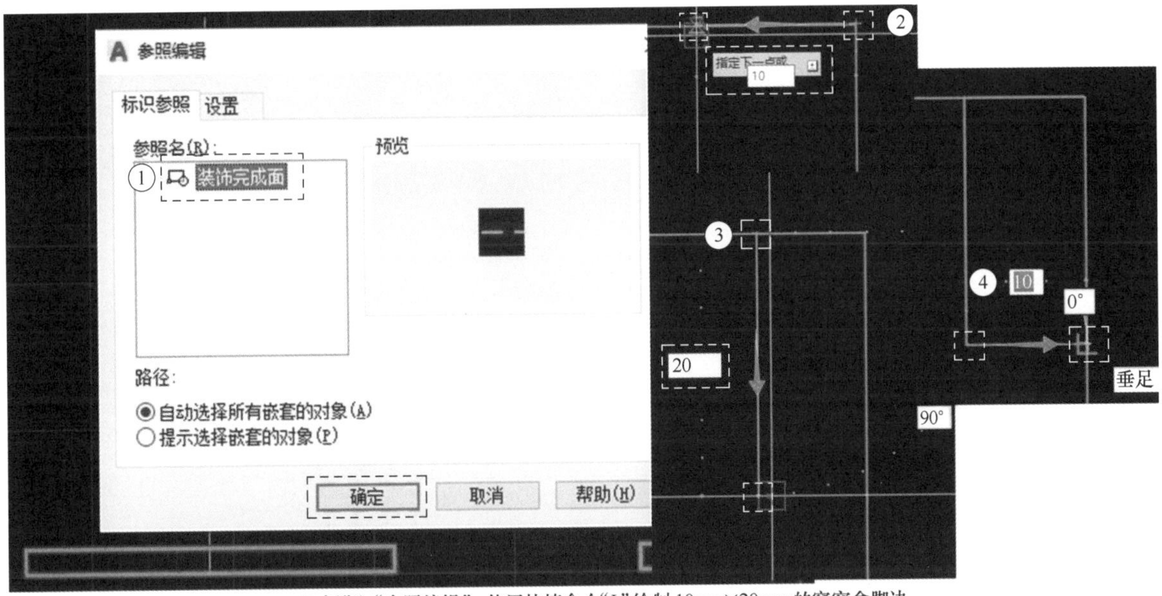

双击进入“参照编辑”，使用快捷命令“L”绘制 10mm×20mm 的窗帘盒脚边

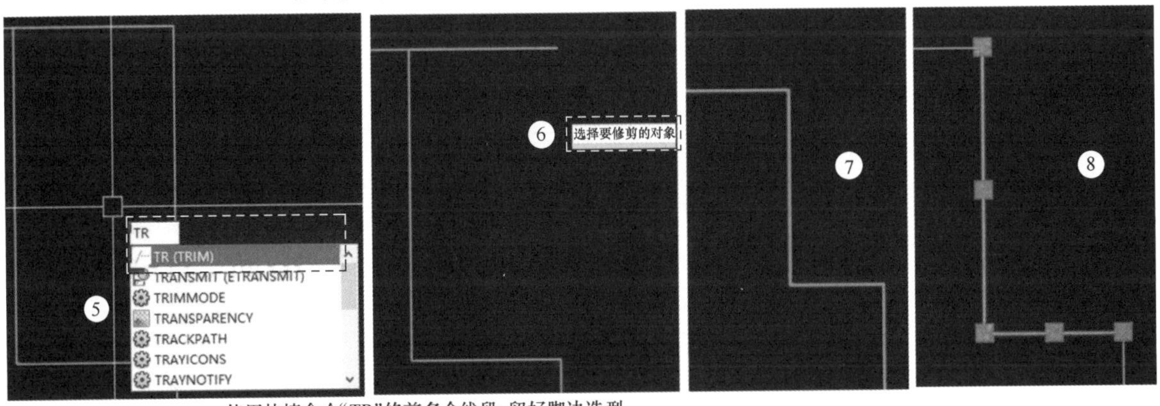

使用快捷命令“TR”修剪多余线段，留好脚边造型

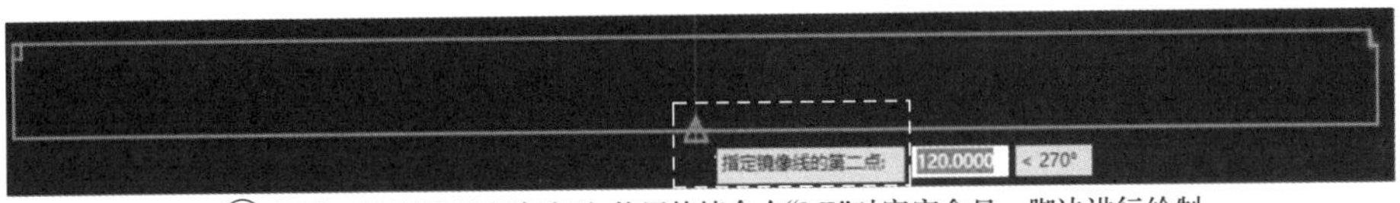

⑨ 框选已绘制好的脚边造型，使用快捷命令“MI”对窗帘盒另一脚边进行绘制

图 3-36 窗帘盒绘制（二）

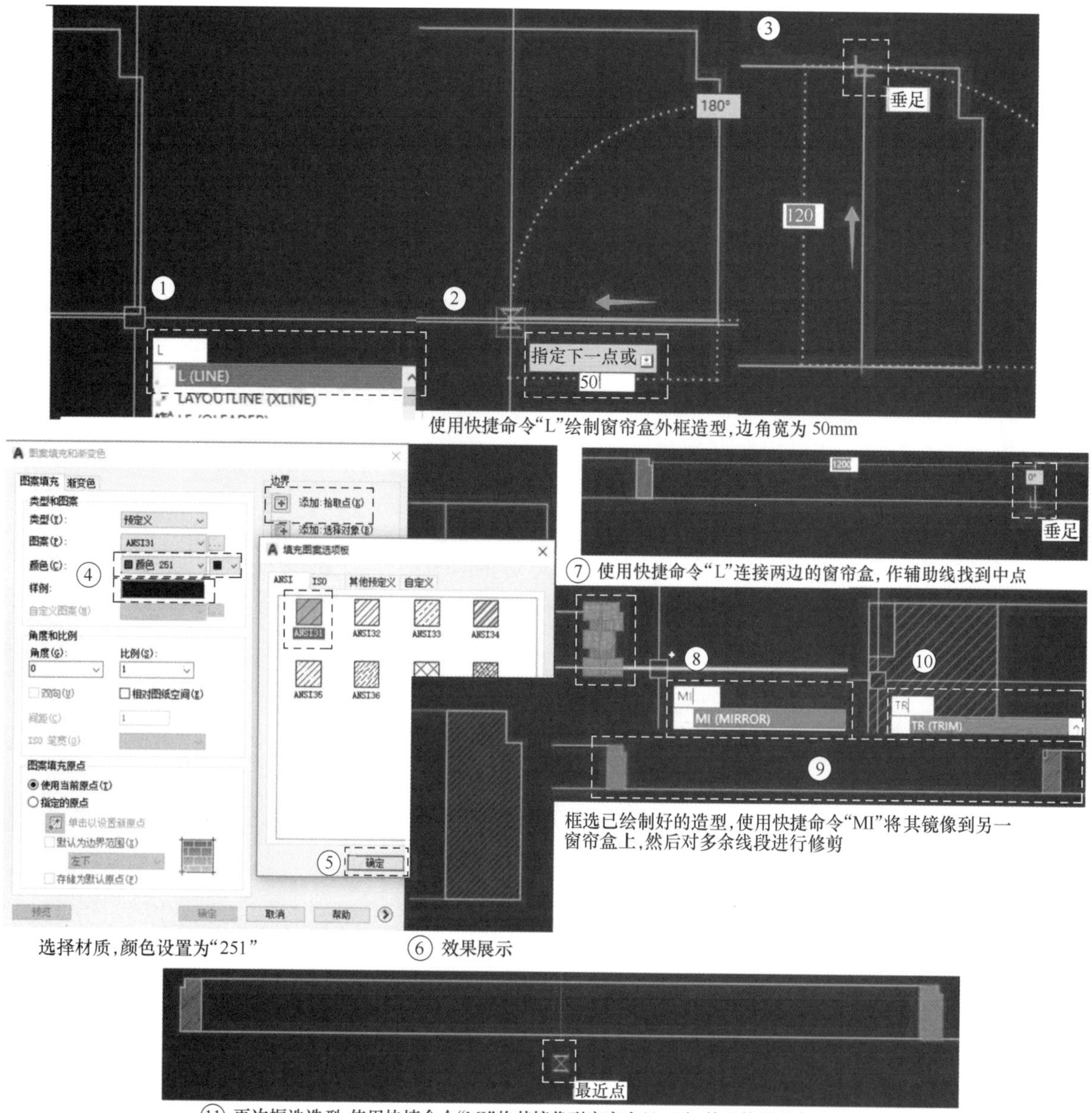

图 3-37　窗帘盒外框造型绘制（一）

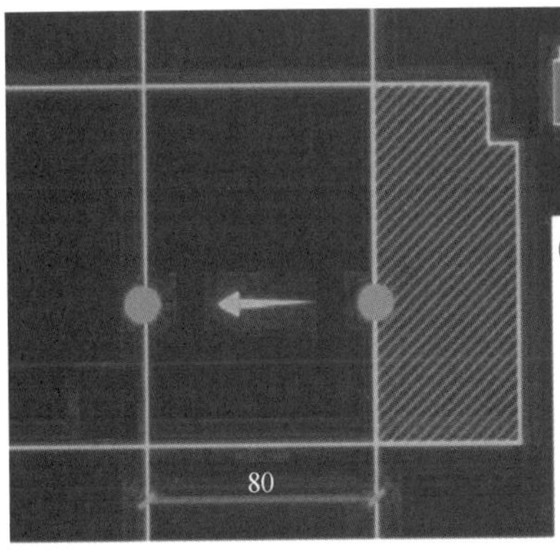

①在窗帘盒上作辅助线，向内偏移80mm

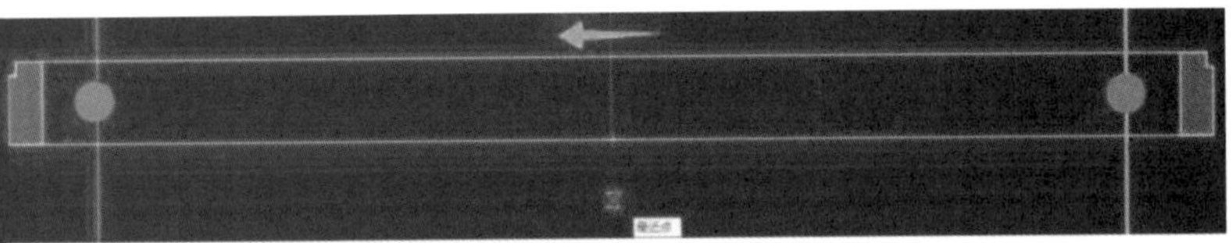

②删除起始辅助线，将已偏移好的辅助线镜像到另一边

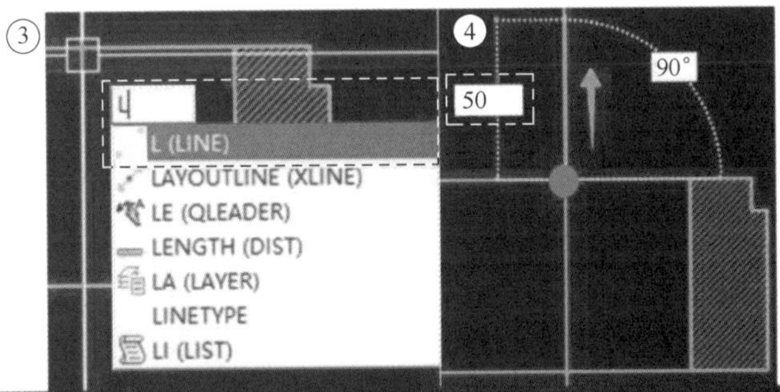

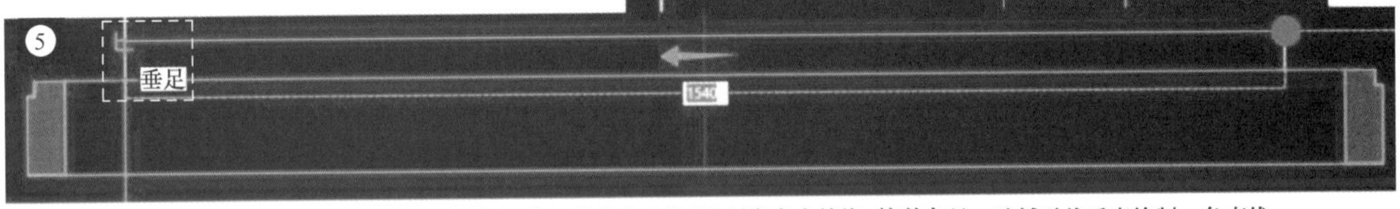

以作好的辅助线与窗帘盒的交点为起始点，使用快捷命令“L”绘制窗帘盒外线，接着向另一端辅助线垂直绘制一条直线

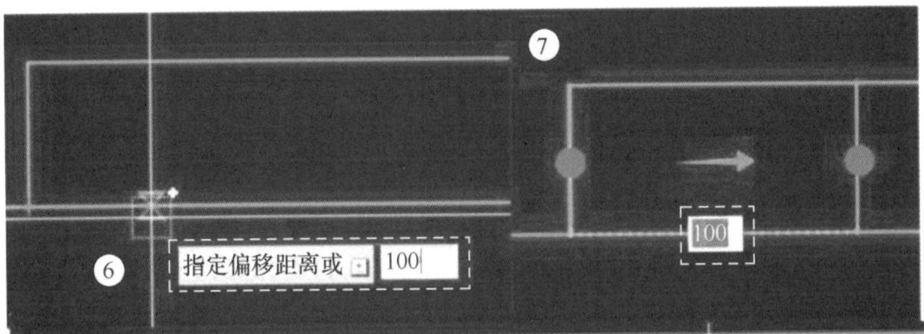

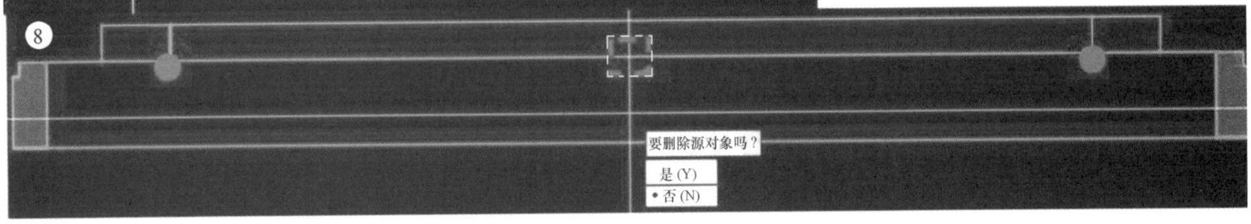

将绘制好的侧边线向内偏移100mm，偏移后选中得到的线段并将其镜像到另一边

图3-38 窗帘盒外框造型绘制（二）

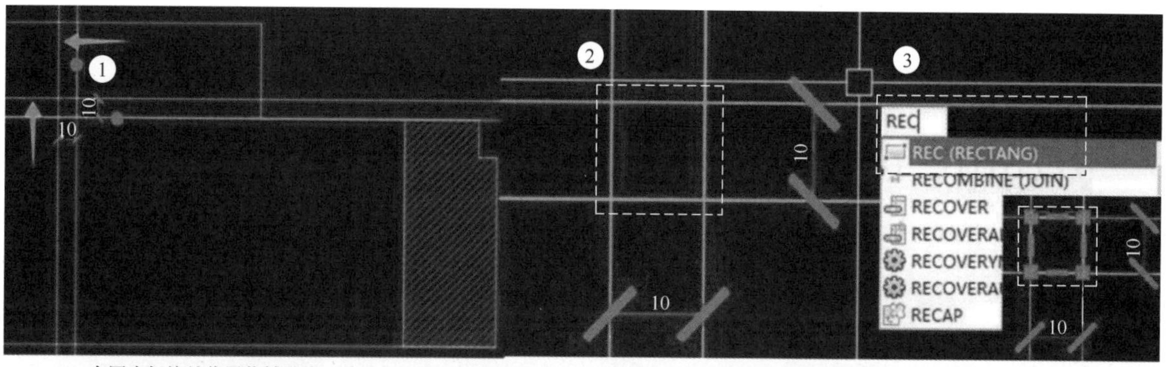

在图中标注的位置作辅助线，然后向箭头方向偏移 10mm，使用快捷命令“REC”将偏移后的矩形框选出来

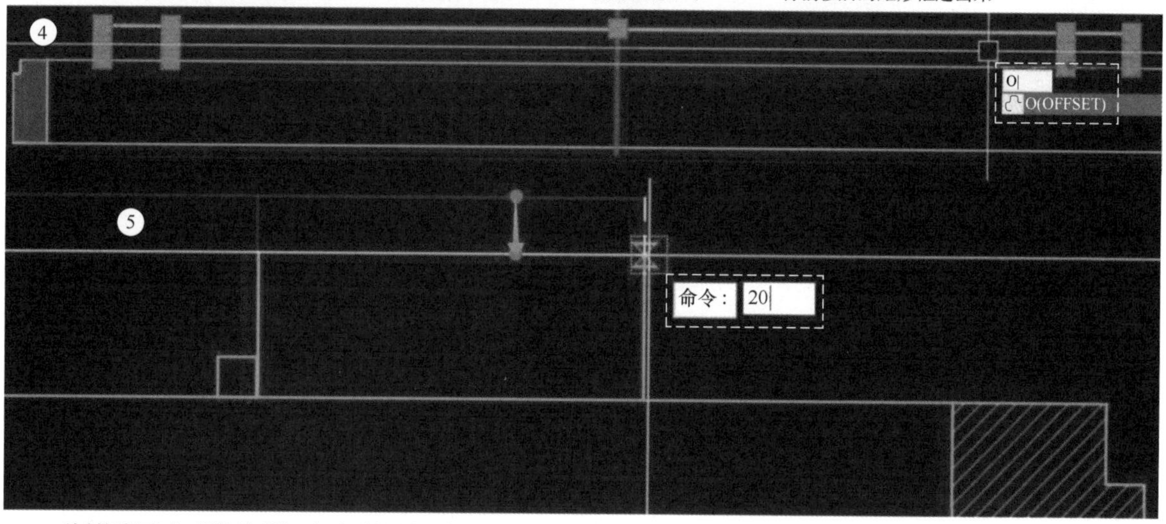

绘制好矩形后，删除辅助线；由于原外框线过宽，因此框选窗帘盒外边线框，使用偏移工具将其向内偏移 20mm

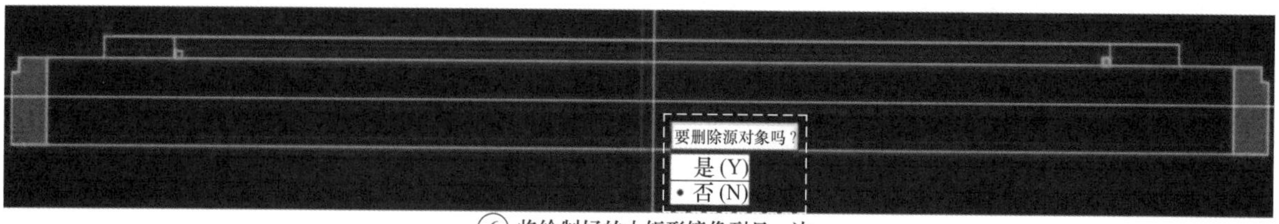

⑥ 将绘制好的小矩形镜像到另一边

图 3-39　窗帘盒外框造型绘制（三）

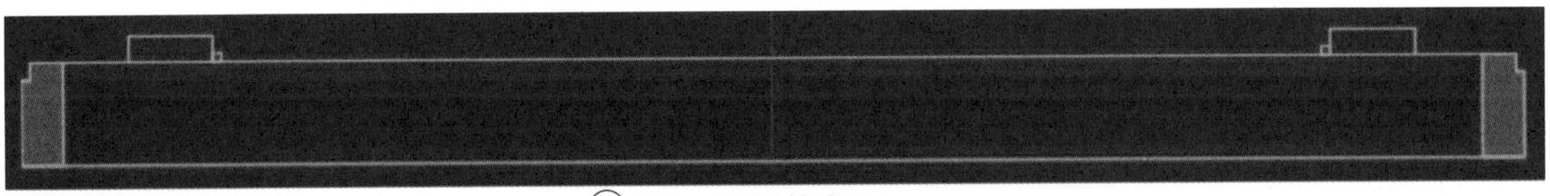

①接上一步图的效果展示

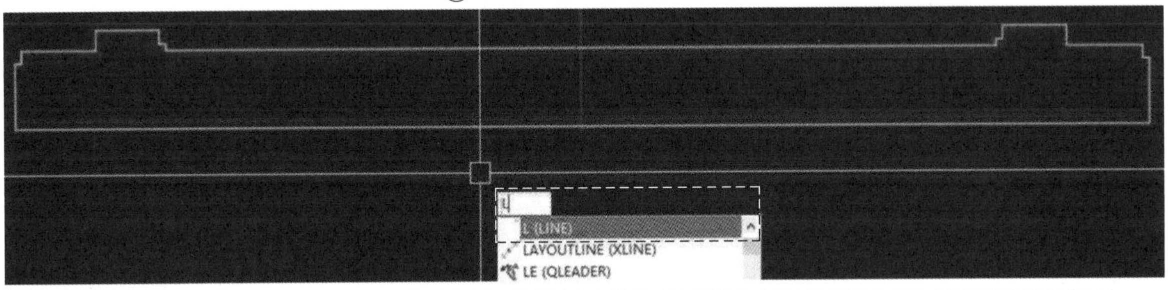

②使用快捷命令“TR”修剪多余线段，然后使用快捷命令“L”绘制直线包住柱，以圆柱顶点与墙面交接处为起始点垂直向窗帘盒作垂线，再删除填充部分（此部分已在窗帘盒结构中表达，可忽略不计）

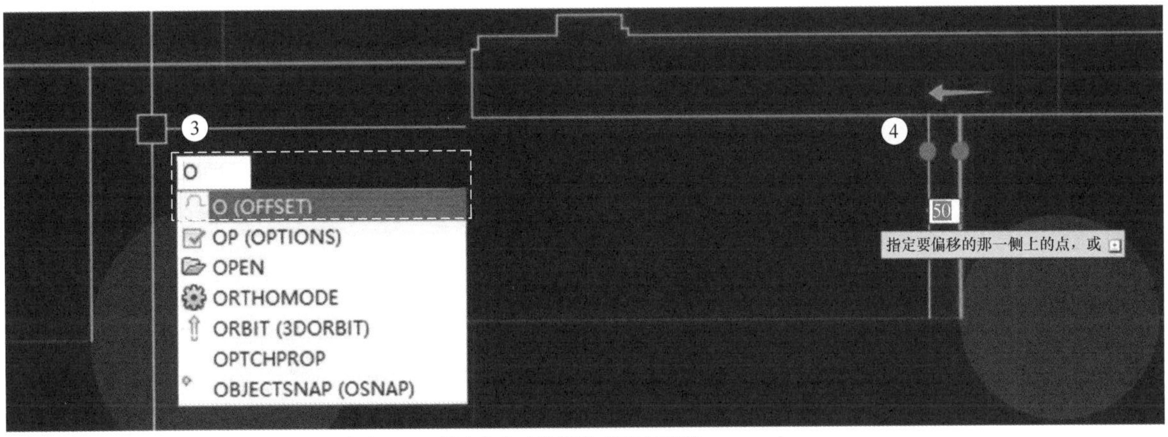

使用快捷命令“O”，将绘制好的线段向外偏移 50mm，保留偏移后的线段，删除原线段

图 3-40　窗帘盒外框造型绘制（四）

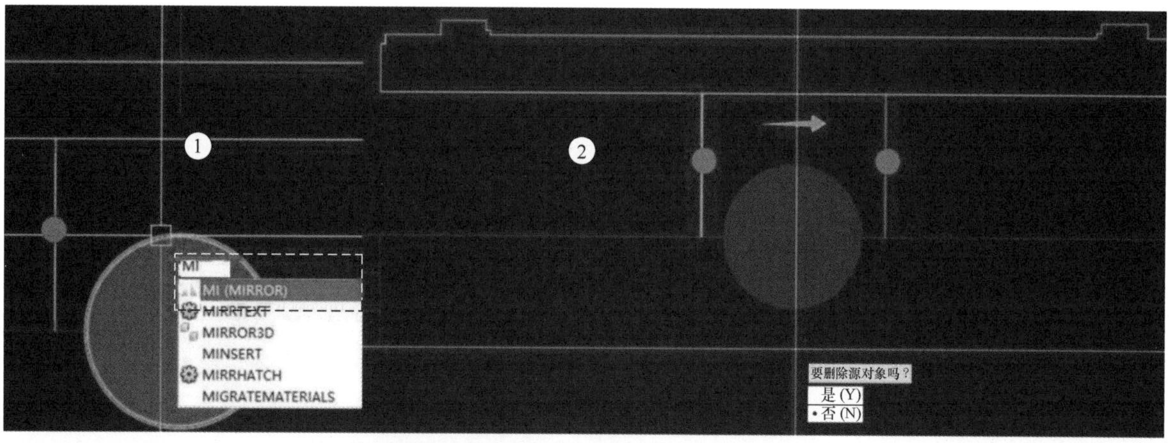

选中绘制好的线段，将其镜像到另一边

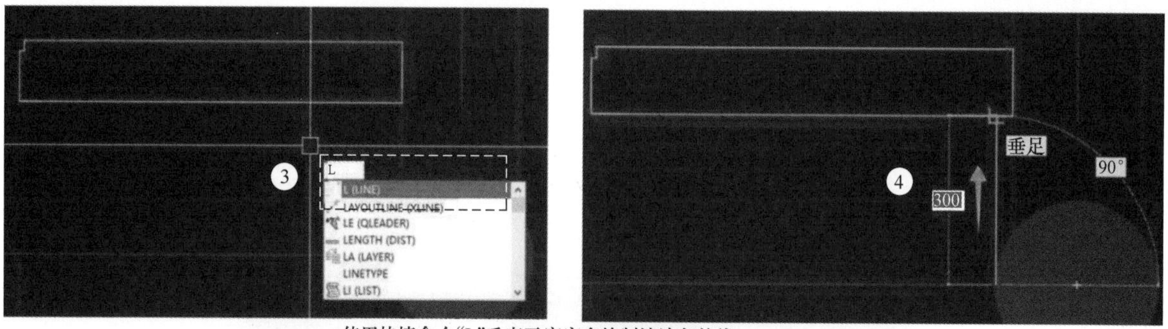

使用快捷命令“L”垂直于窗帘盒绘制墙边包柱线

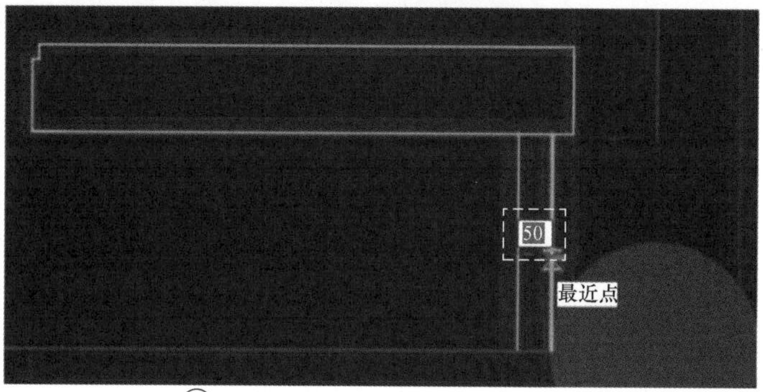

⑤ 将绘制好的线段向外偏移 50mm

图 3-41　窗帘盒外框造型绘制（五）

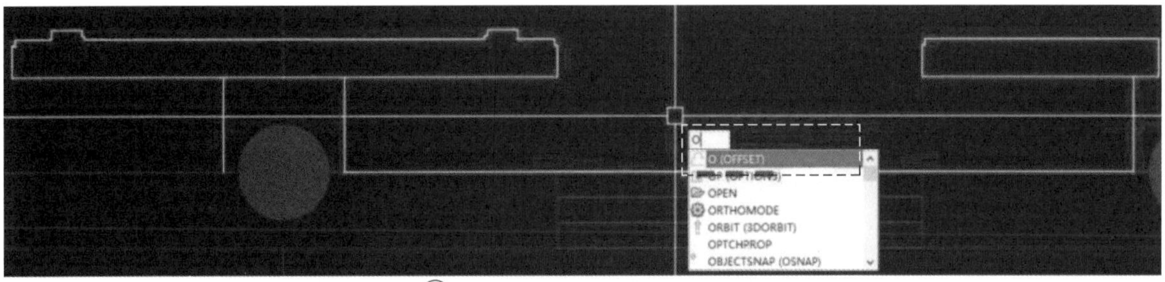

①选中绘制好的线段并向上偏移

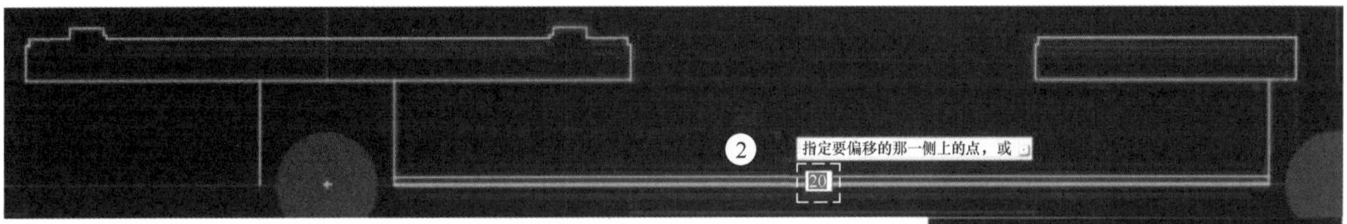

偏移距离 20mm

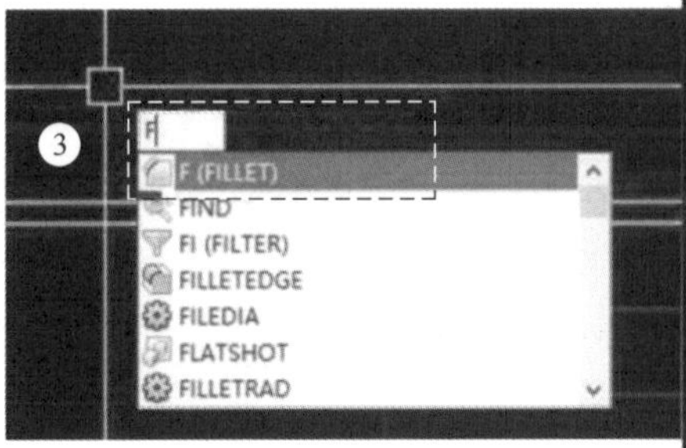

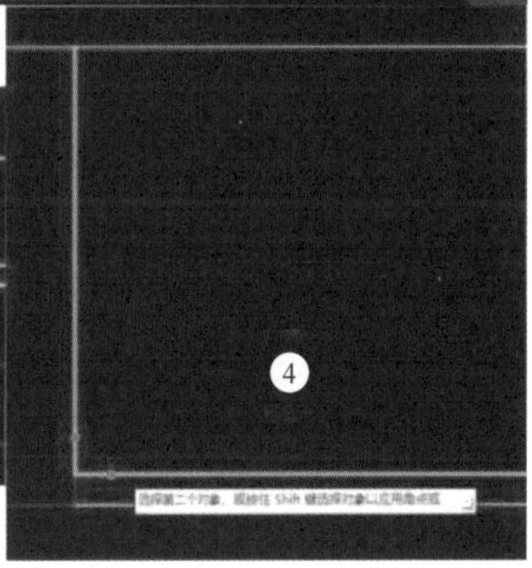

使用快捷命令“F”绘制倒角，删除原线段

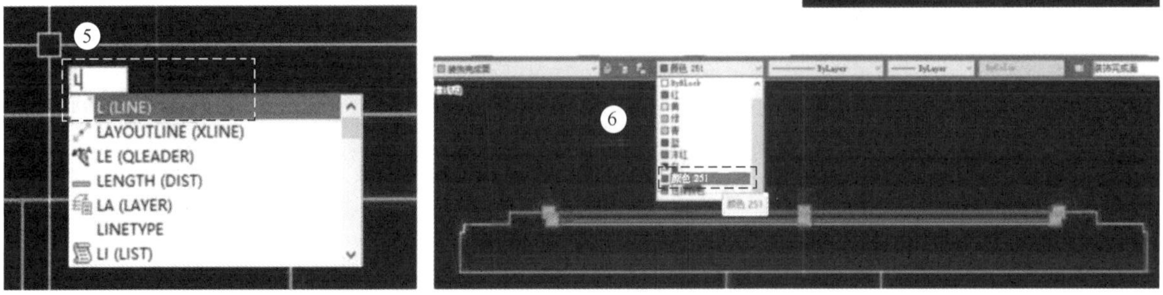

使用快捷命令“L”绘制装饰完成面线条，将其颜色改为 251 号灰色

图 3-42　窗帘盒外框造型绘制（六）

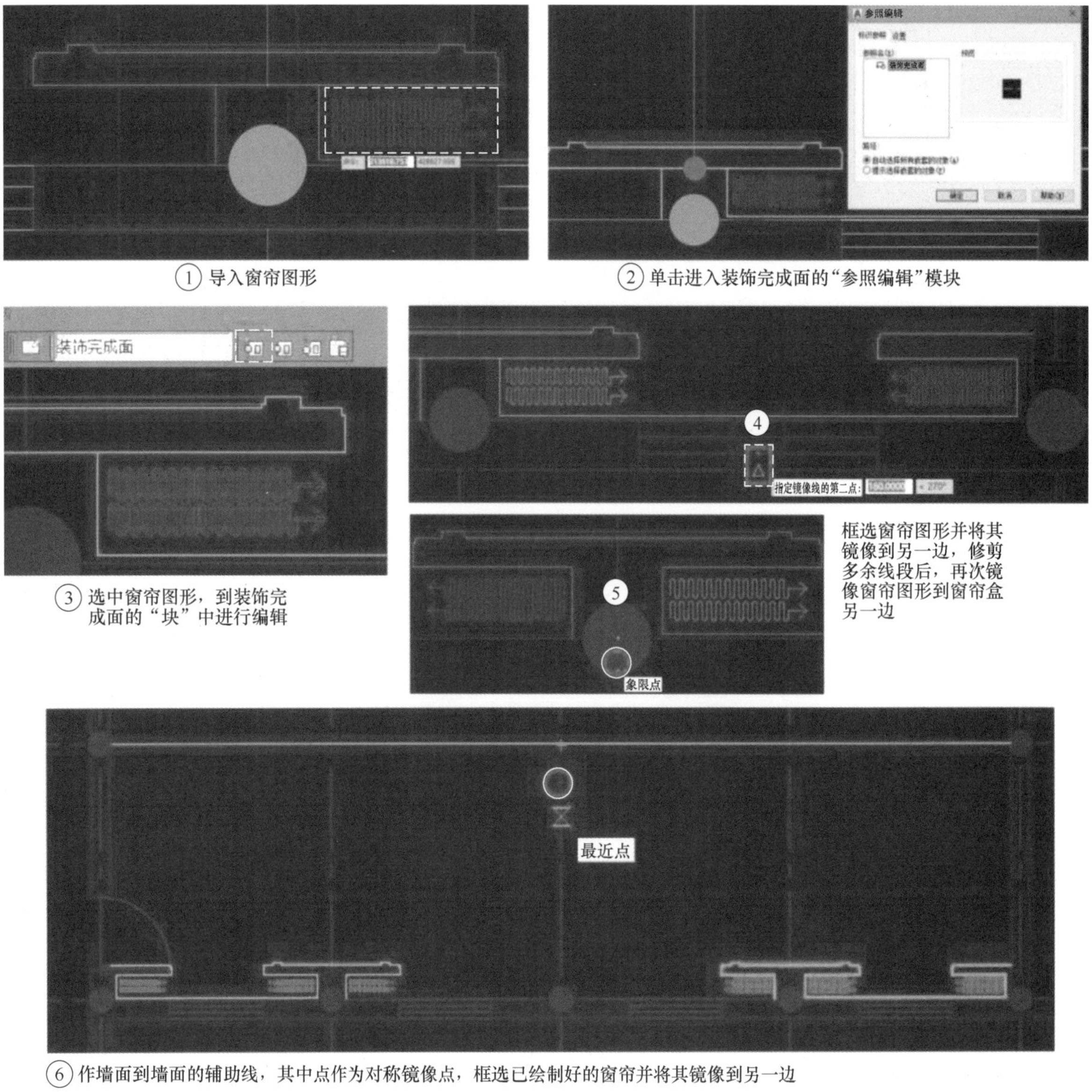

图 3-43　继续进行窗帘盒绘制（一）

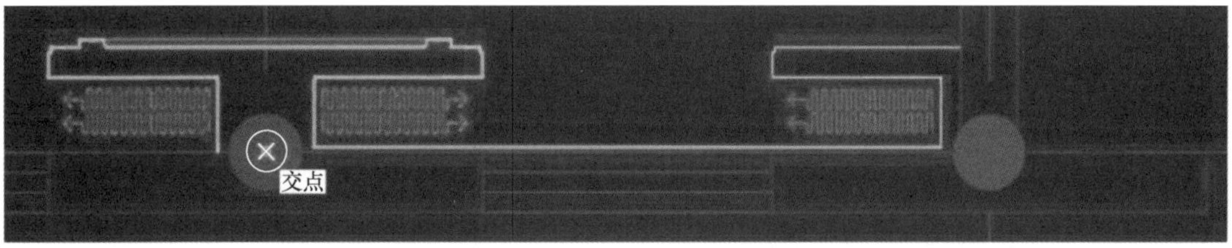

①框选绘制好的窗帘盒，使用快捷命令“CO”进行复制，以圆柱中心点为交点，对应到下一组要放置窗帘盒的位置

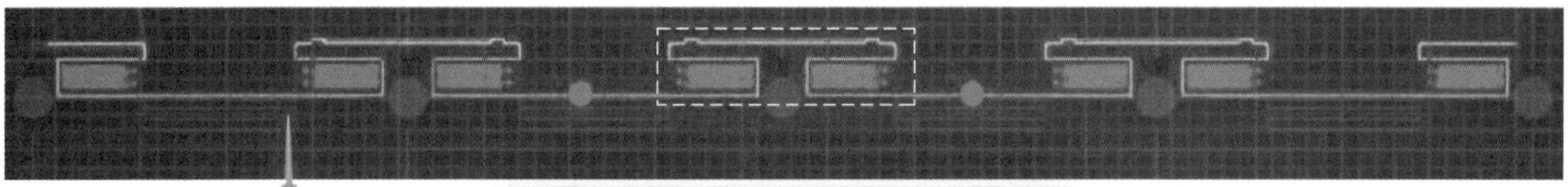

②完成复制后，用线段填补两端窗帘盒中间的墙面完成面：选中旁边墙面装饰完成面的线段，使用快捷命令“CO”进行复制

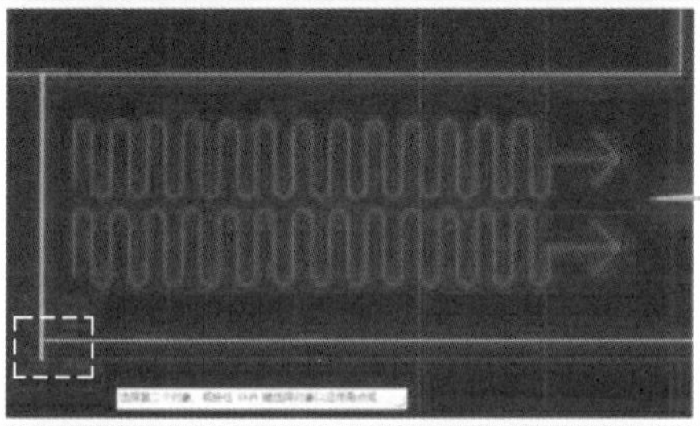

③使用快捷命令“F”绘制倒角，连接并修剪装饰完成面线段

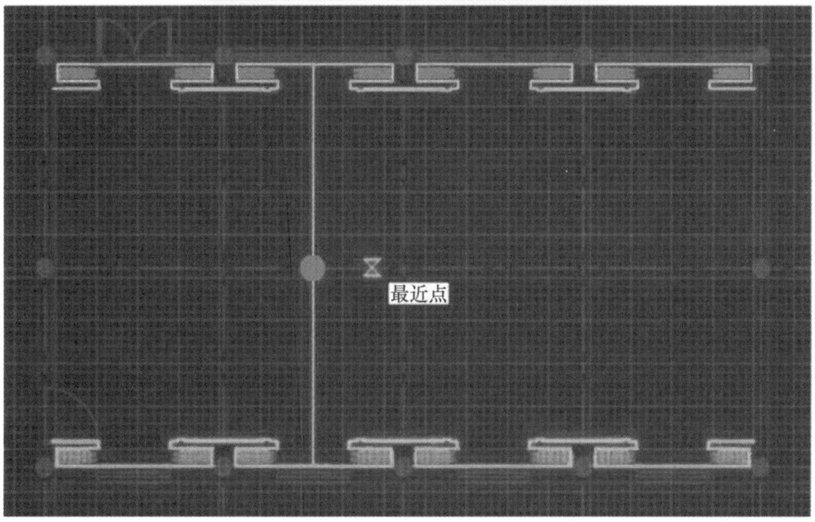

④作纵向墙面辅助线，取其中点，框选已绘制好的装饰完成面，使用快捷命令“MI”对其进行镜像操作

图 3-44　继续进行窗帘盒绘制（二）

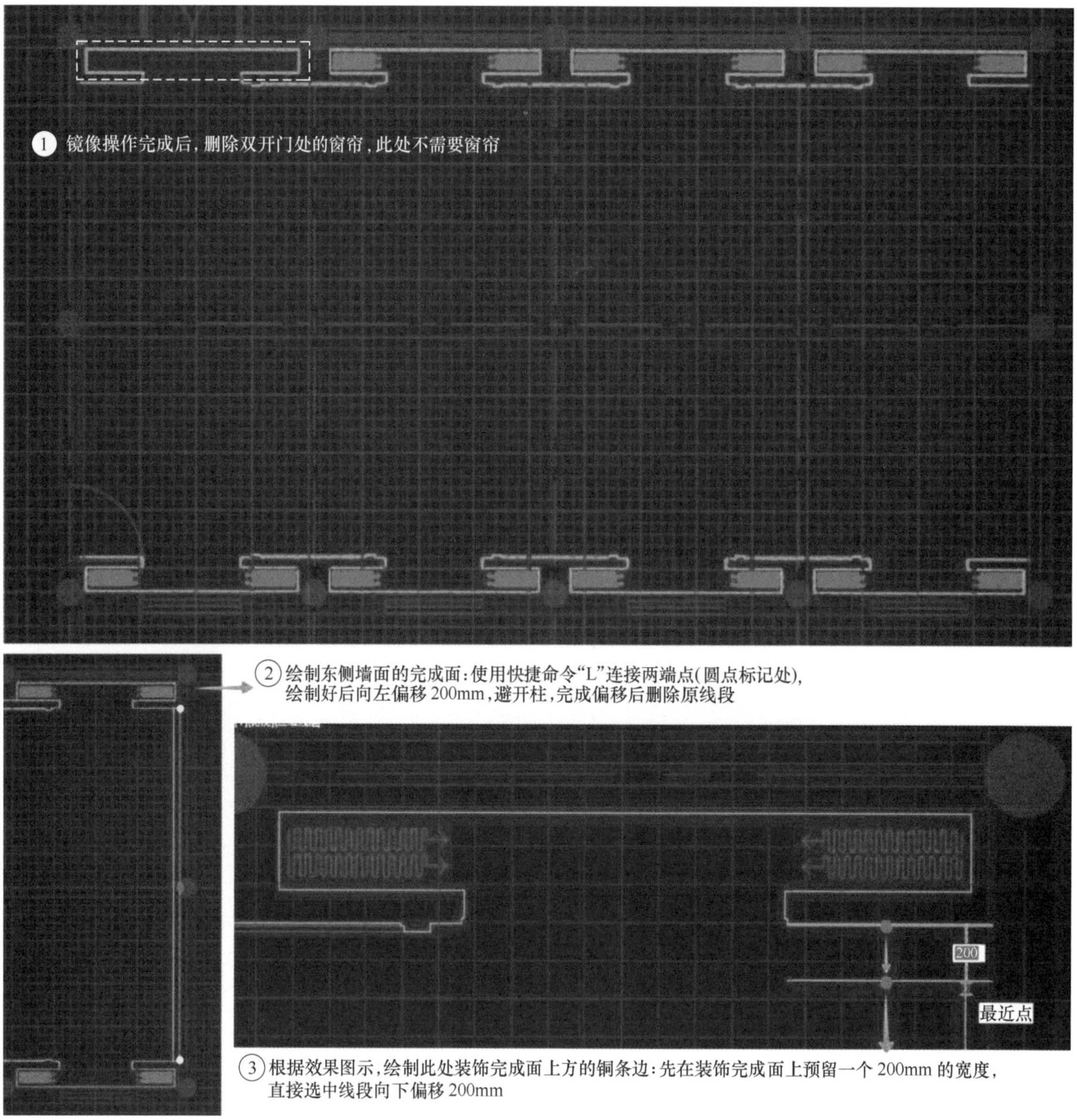

图 3-45 继续进行窗帘盒绘制（三）

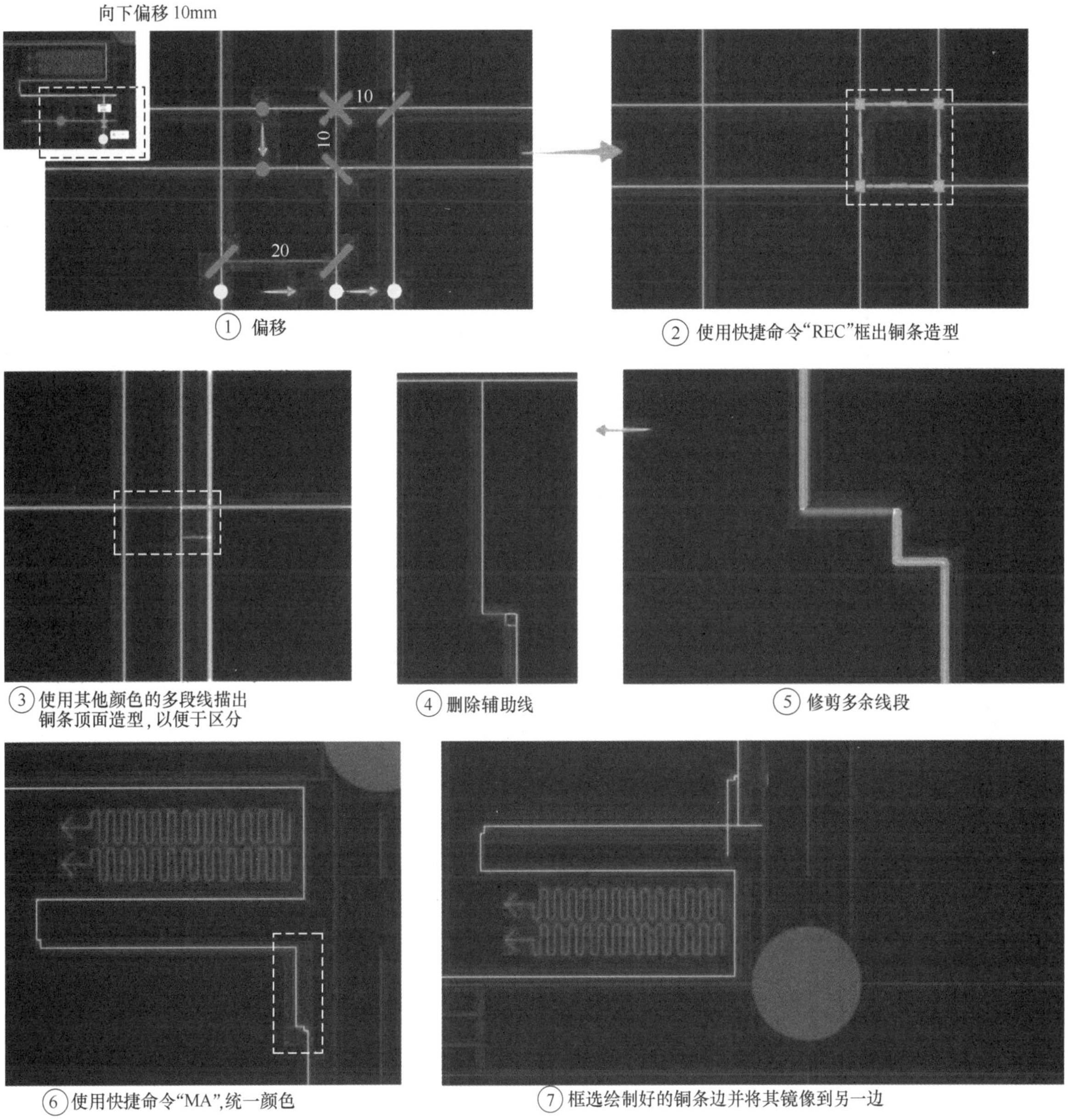

图 3-46　装饰完成面绘制（一）

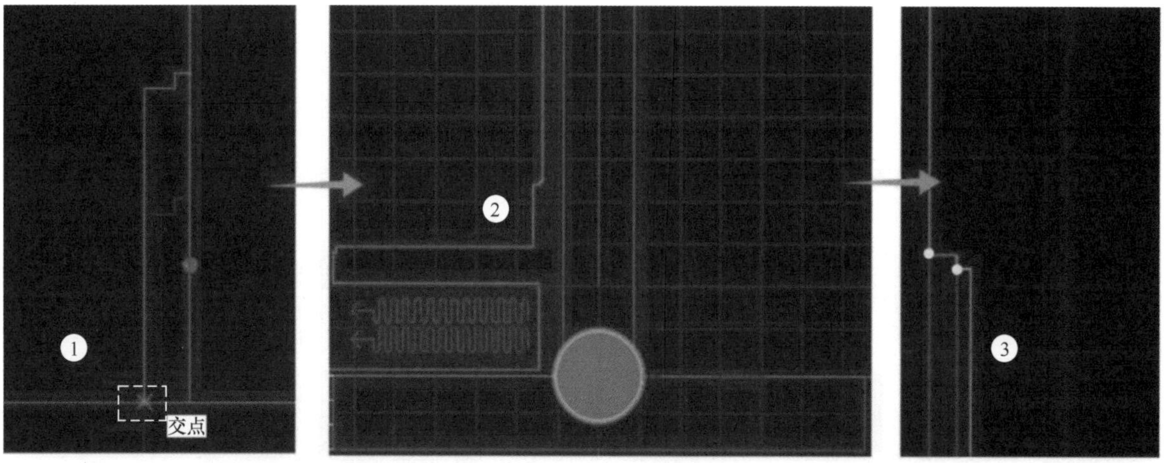

框选铜条脚边垂直于窗帘盒完成面向上移动，修剪多余线段

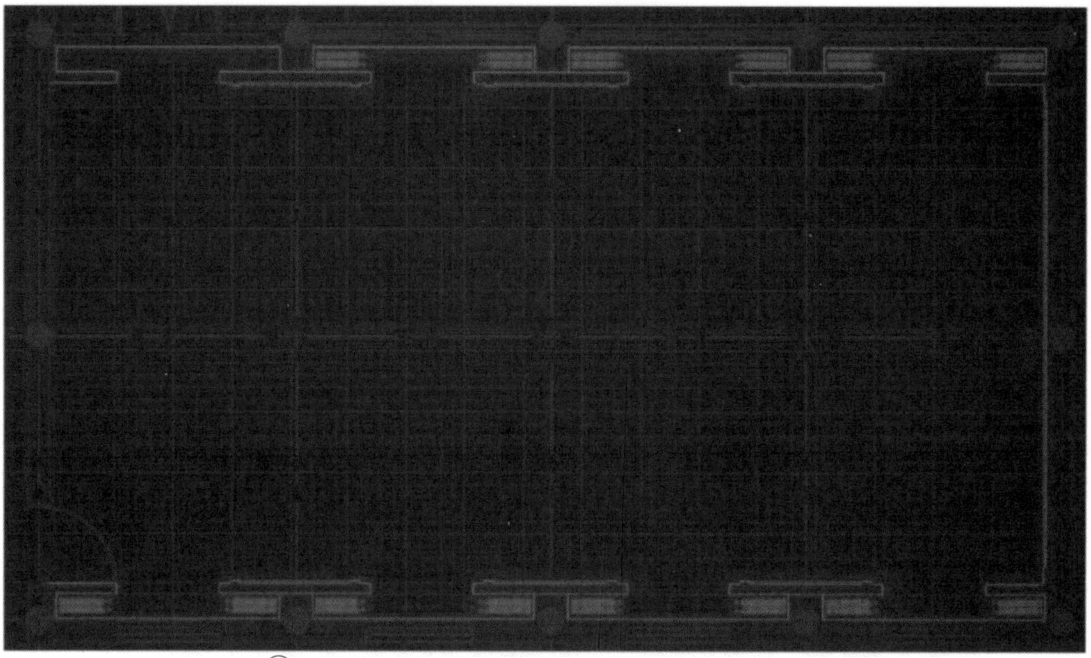

④从铜条脚边向另一端脚边作直线，绘制装饰完成面

图 3-47　装饰完成面绘制（二）

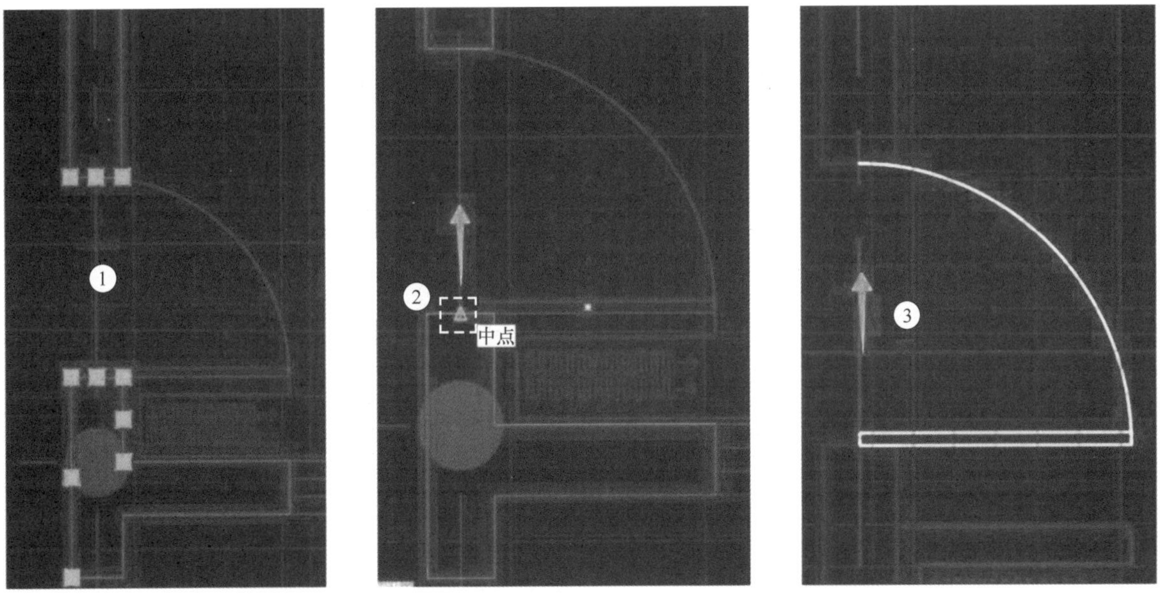

因门与窗帘盒冲突，因此须调整门的位置。进入“墙”图块，框选“①”部分，使用快捷命令“S”向上拉伸30mm，然后保存并退出“参照编辑”；进入“门”图块，将门的位置移动到墙改动好的位置

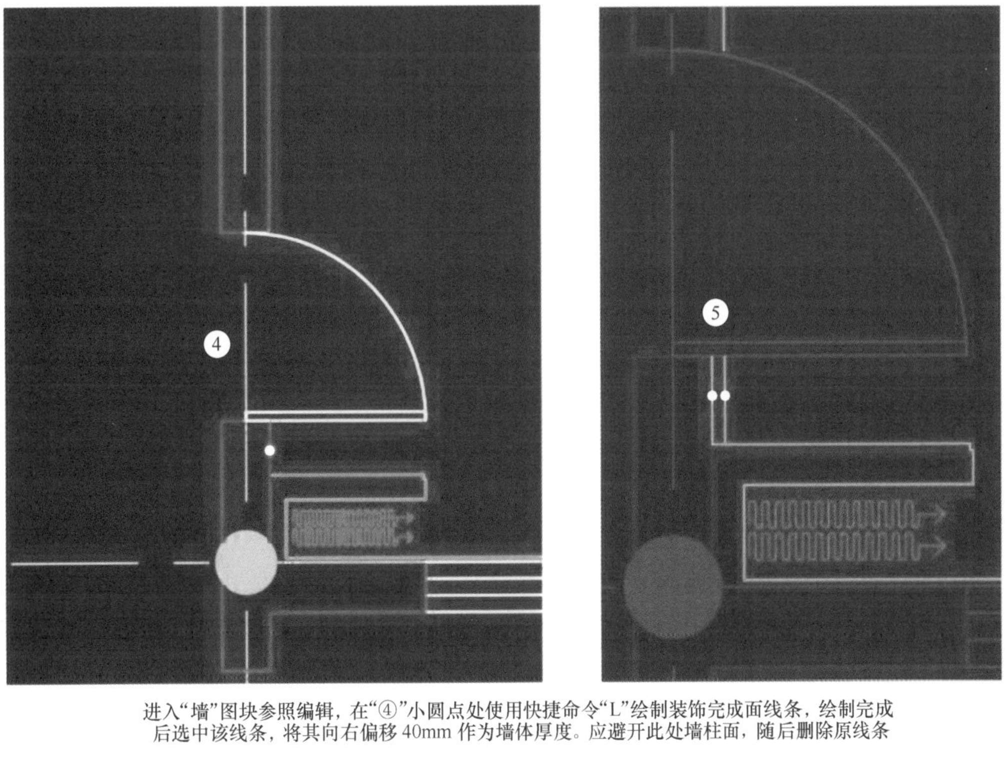

进入“墙”图块参照编辑，在“④”小圆点处使用快捷命令“L”绘制装饰完成面线条，绘制完成后选中该线条，将其向右偏移40mm作为墙体厚度。应避开此处墙柱面，随后删除原线条

图3-48　装饰完成面绘制（三）

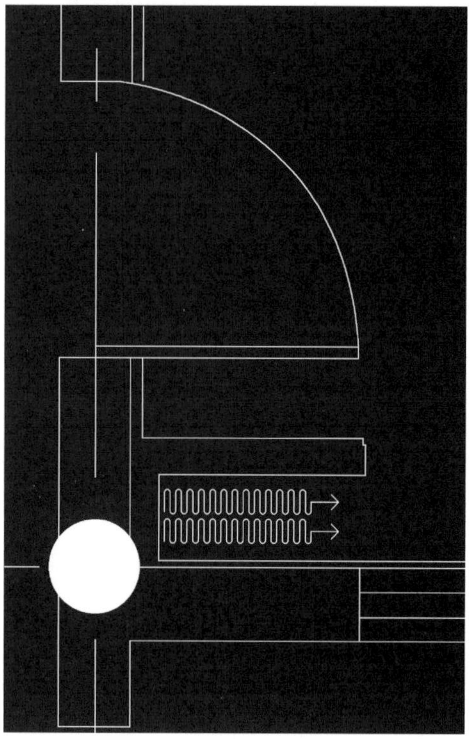

图 3-49　修剪多余线段

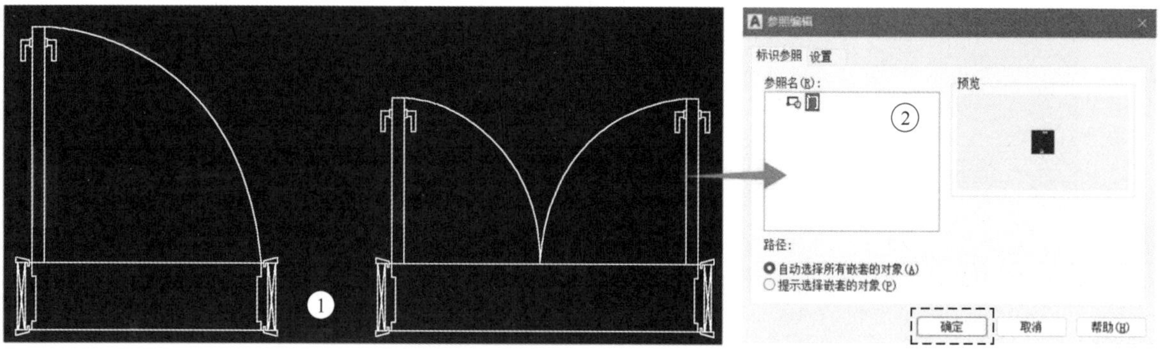

前期的门是简单绘制的，现在需要从图库中调取一个带门套的门以衔接装饰完成面。找到“门”图形后，先将其放在绘图区一侧，并进入“门”块参照编辑

图 3-50　替换门窗

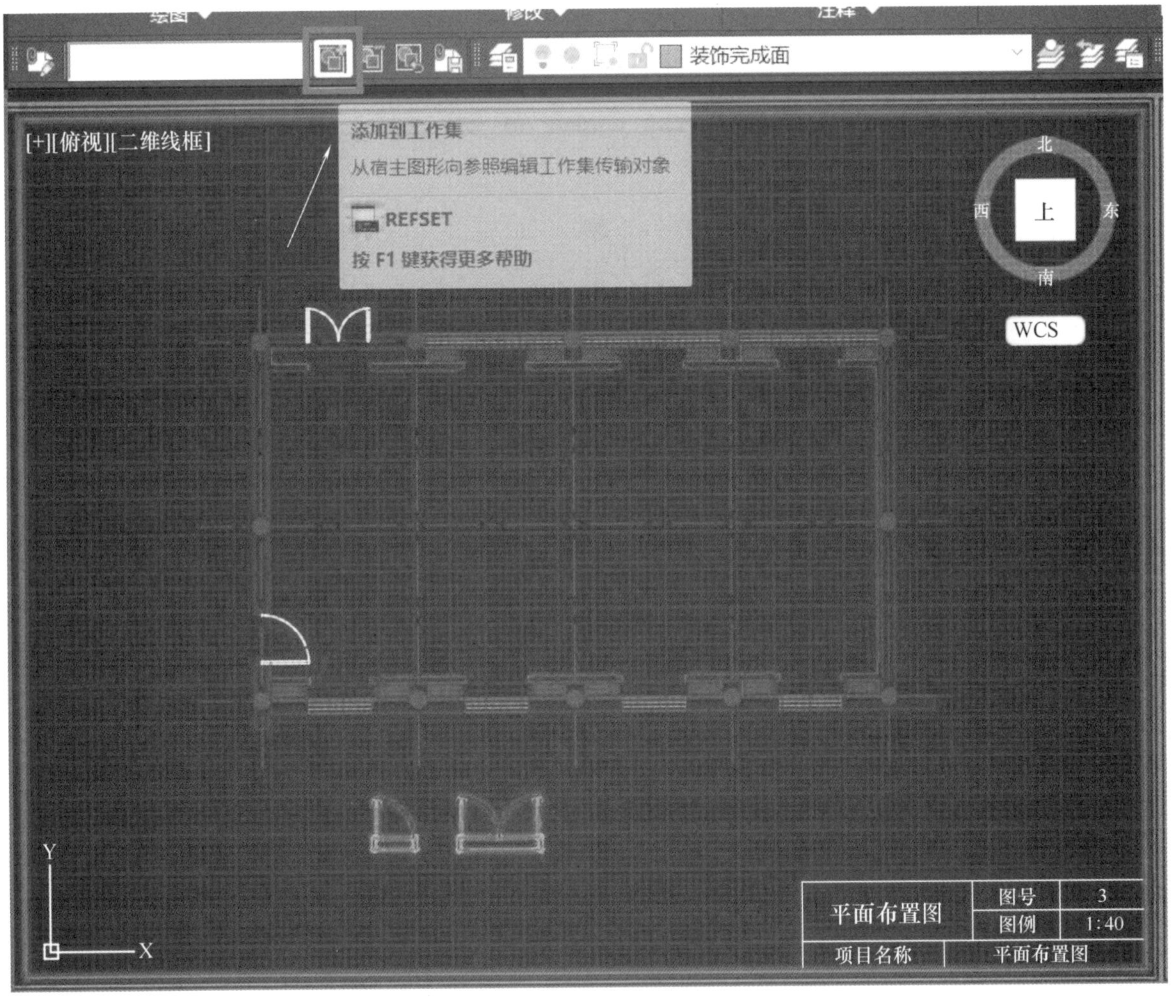
装饰完成面
添加到工作集
从宿主图形向参照编辑工作集传输对象
REFSET
按 F1 键获得更多帮助
[+][俯视][二维线框]
北
西
上
东
南
WCS
平面布置图
图号
3
图例
1:40
项目名称
平面布置图
Y
X

图 3-51　“添加到工作集”

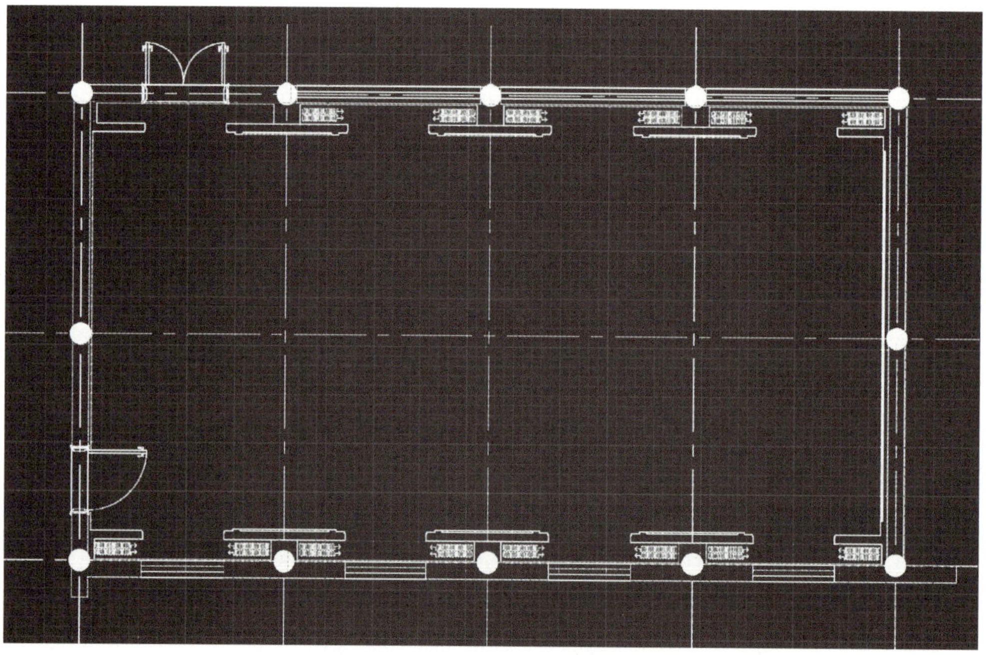

图 3-52　装饰完成面与门的对接

三、门套与装饰完成面衔接绘制

1. 单开门与装饰完成面衔接绘制

进入“装饰完成面”块参照编辑，然后使用快捷命令“L”绘制门套垂直于装饰完成面的线条，再使用快捷命令“TR”修剪多余线段，如图 3-53 所示。

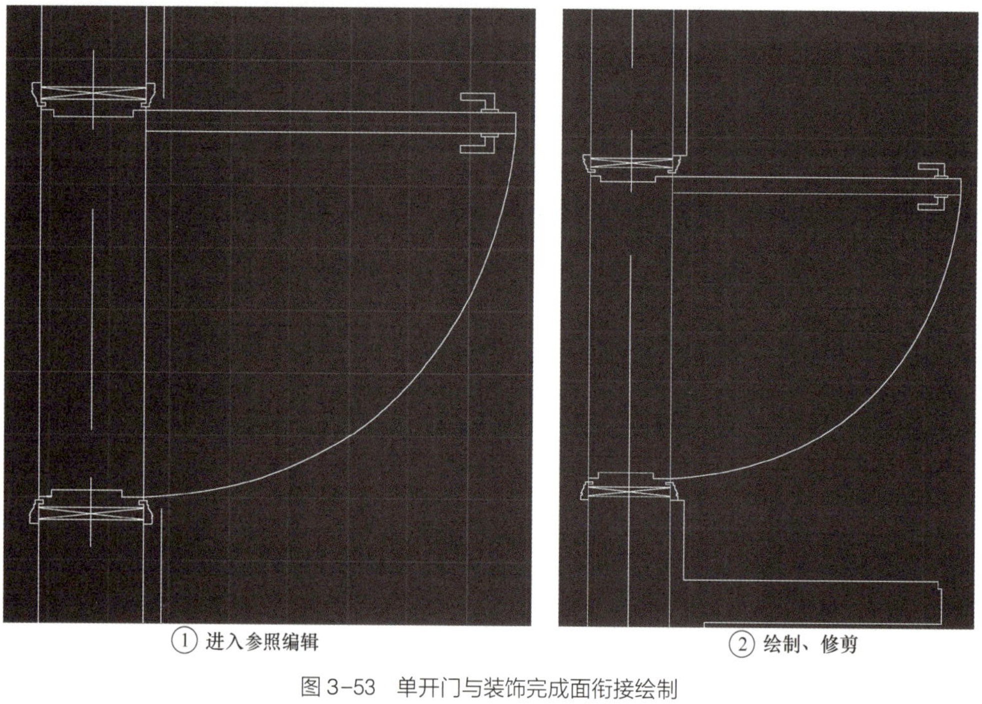

① 进入参照编辑　　② 绘制、修剪

图 3-53　单开门与装饰完成面衔接绘制

2. 双开门与装饰完成面衔接绘制

如图 3-54 所示，使用快捷命令“L”卡住门套边作辅助线，然后使用快捷命令“BR”打断箭头处的线段。注意应将边角线条收回去。

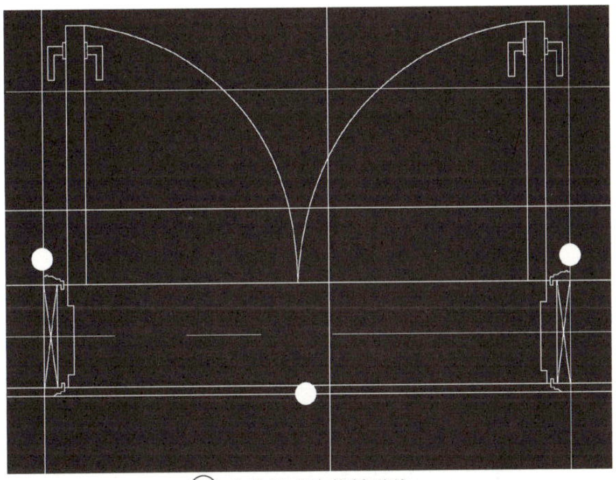

① 卡住门套边作辅助线

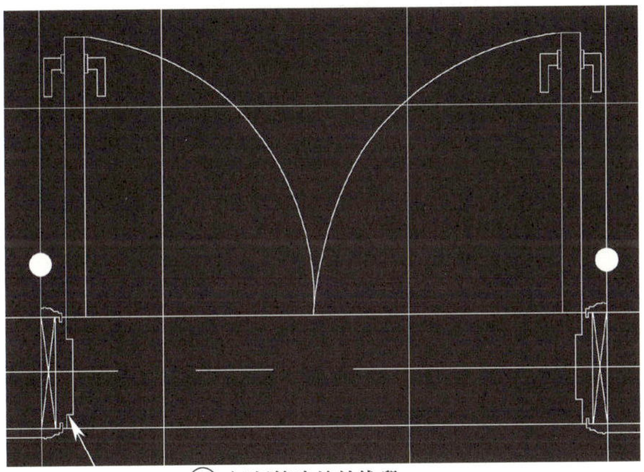

② 打断箭头处的线段

图 3-54　双开门与装饰完成面衔接绘制

绘制完成后保存并退出参照编辑，门套与装饰完成面衔接效果如图 3-55 所示。

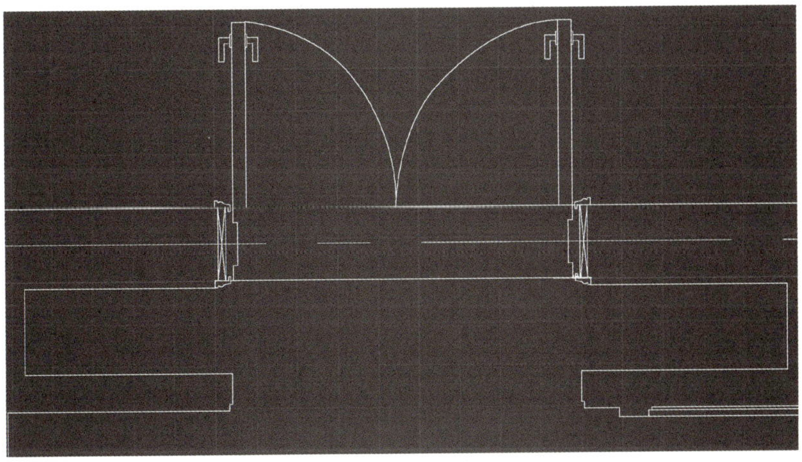

图 3-55　门套与装饰完成面衔接效果

四、家具布置

家具布置步骤如下：

① 从图形素材库中导入家具图形，将其放置在平面图旁边，以便于选取，如图 3-56 所示。

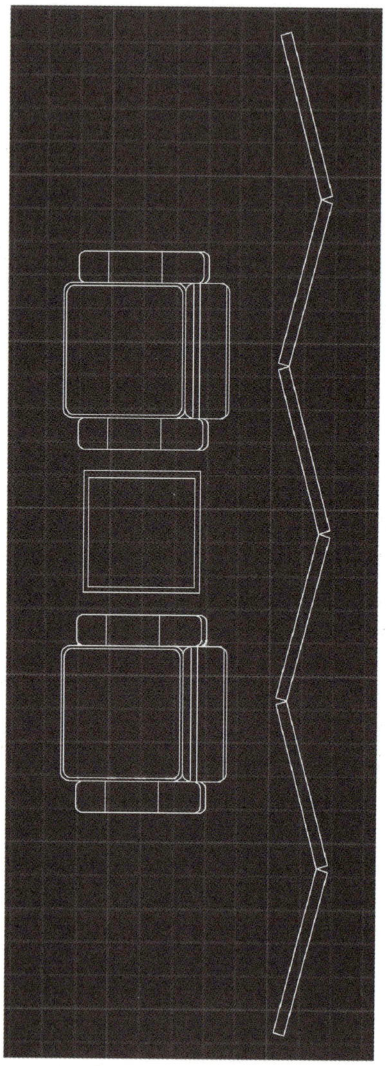

图 3-56 家具图形

② 如图 3-57 所示，使用快捷命令“L”从起始点向结束点作整个空间南北方向装饰完成面的辅助线，然后取辅助线的中点（也是整个空间的等分中点），使用快捷命令“XL”作东西方向的辅助线，以确保家具在空间中等分且布局合理。

③ 框选家具图形，使用快捷命令“RO”将其旋转到合适位置；再次框选家具图形并拾取其最外侧的角点，将其对准辅助线中点使用快捷命令“M”向右移动至图 3-58 所示箭头处的装饰完成面外线上。

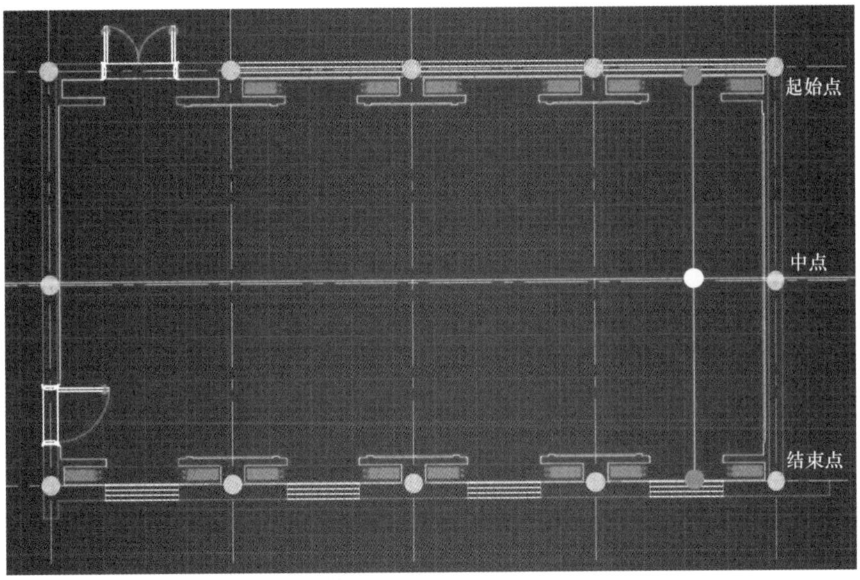

图 3-57　辅助线定位

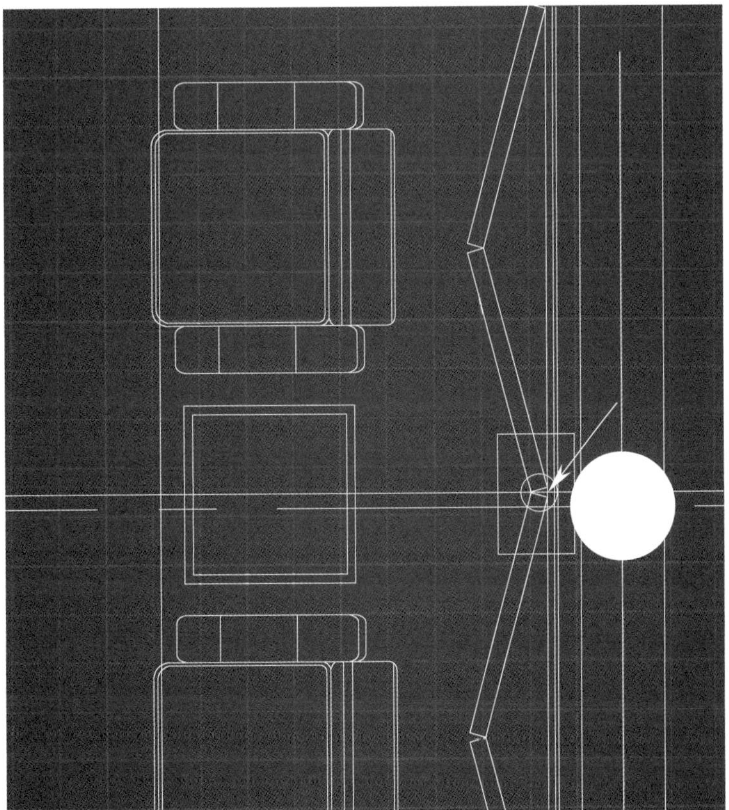

图 3-58　家具定点位移（一）

④ 如图 3-59 所示，再次框选家具模型，单击最外侧的角点将其向内移动 200mm，预留适当空间，避免家具与墙面发生剐蹭。

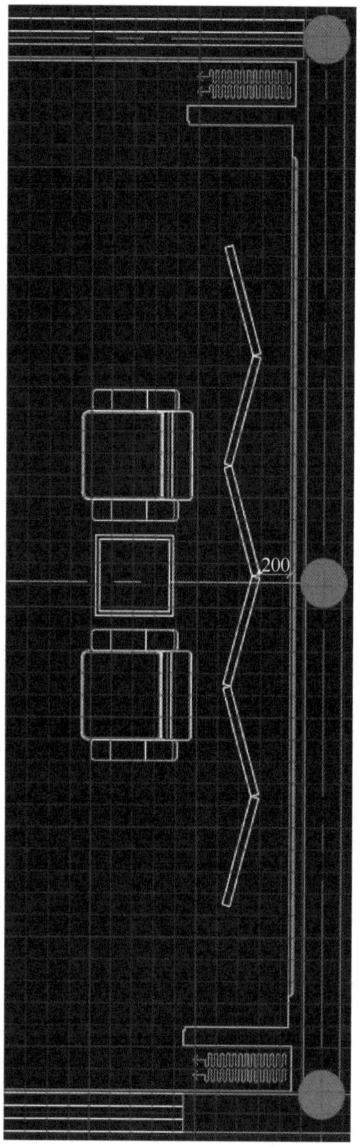

图 3-59　家具定点位移（二）

⑤ 单独框选上述步骤绘制的沙发图形，使用快捷命令“CO”进行复制，按图 3-60 所示位置（靠墙且居中放置在墙柱中线的位置）进行放置，以确保沙发在空间中等分且布局合理。如图 3-61 所示，沙发边线靠在窗帘盒边线上。

⑥ 沙发与墙面的留距应考虑过人和不过人两种情况：若需要过人，应预留≥600mm 的走道空间；若不需要过人，则预留 100~200mm 即可，以避免沙发与墙面摩擦损坏。本例中采用过人的空间预留。如图 3-62 所示，框选家具图形，以桌子的中心点为基点，使用快捷命令“O”将家具图形向下偏移 600mm。

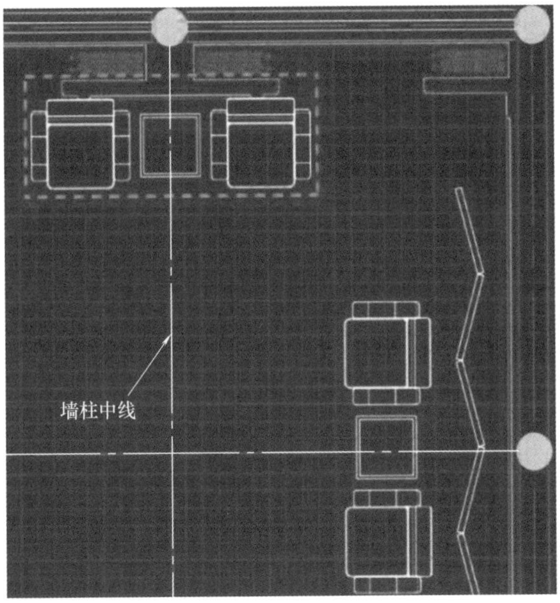

图 3-60 复制沙发

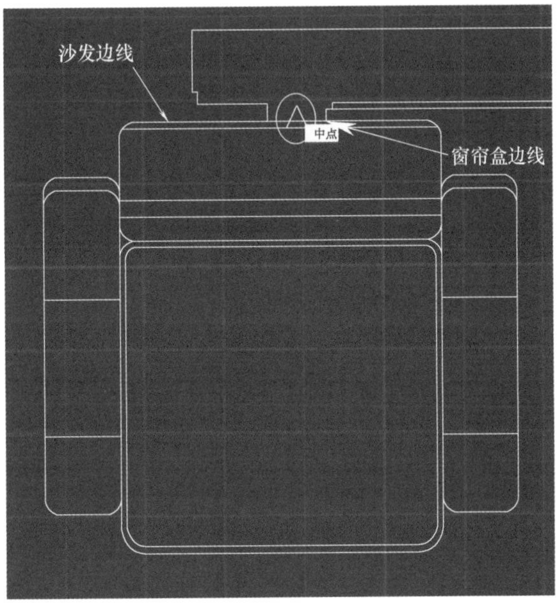

图 3-61 沙发边线与窗帘盒边线位置

⑦ 使用快捷键“F8”开启“正交模式”，再次框选沙发图形，拾取其桌子中心点，使用快捷命令“CO”向左平移且垂直于圆柱中轴线进行东西向沙发的复制，如图 3-63 所示。

⑧ 如图 3-64 所示，再次作空间辅助线，以完成面到完成面纵向辅助线（图中“①”所示的线）的中点（图中“②”所示的点）为基点，使用快捷命令“XL”作平分整个空间的辅助线（图中“③”所示的线）。

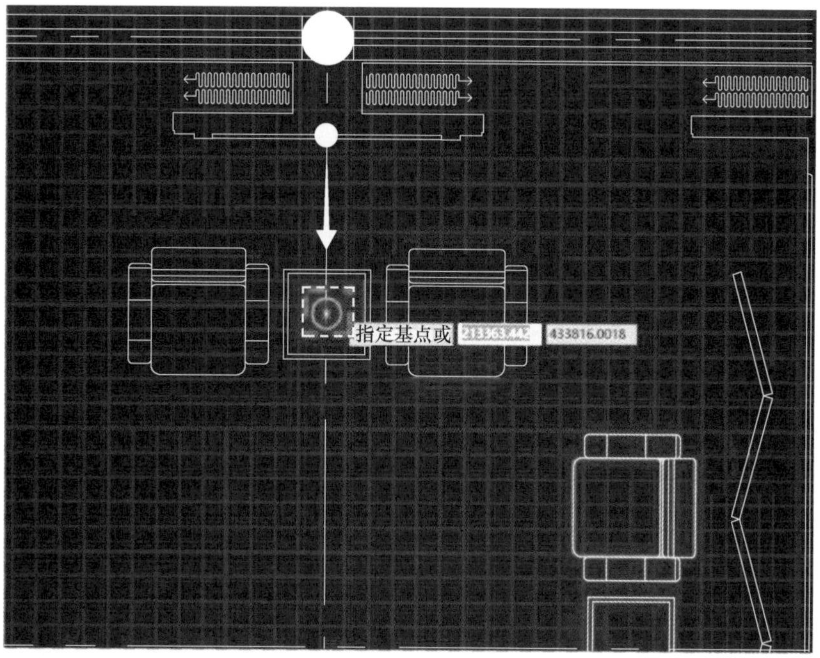

图 3-62　预留空间

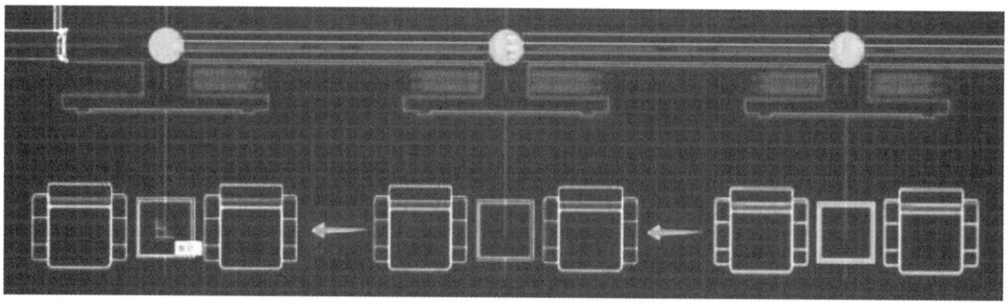

图 3-63　在东西向复制沙发

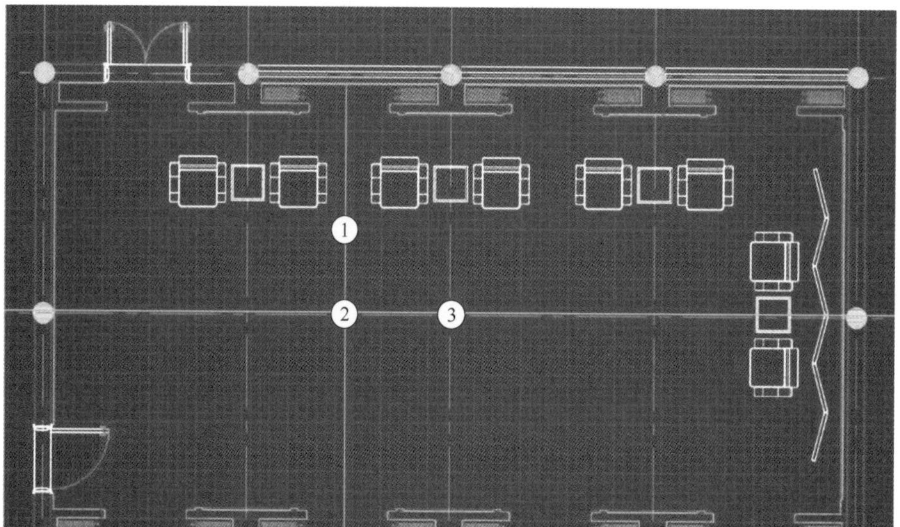

图 3-64　作空间辅助线

⑨ 框选图 3-65 所示矩形框内的家具，在圆点标记的中心点位置使用快捷命令“MI”进行镜像。

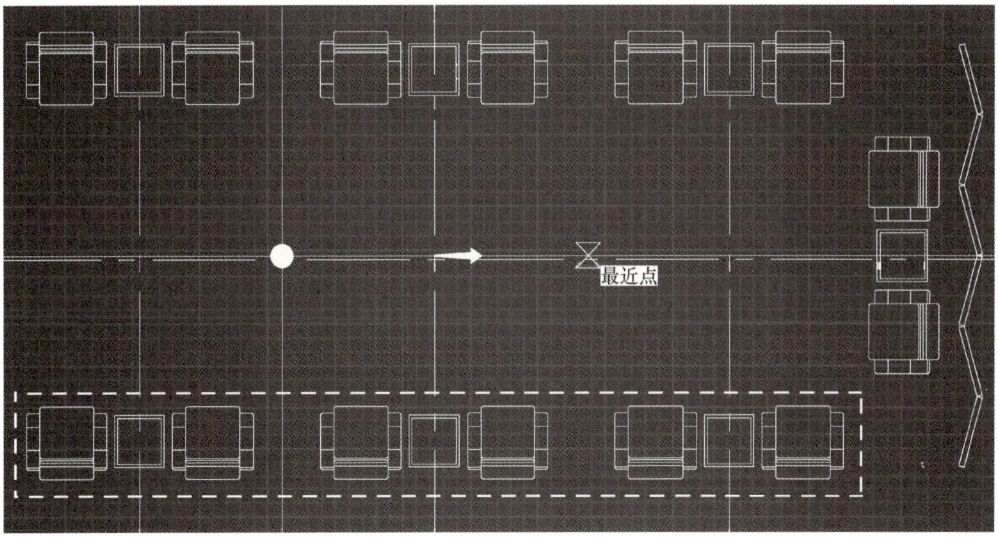

图 3-65　镜像家具

绘制完成的平面布置图如图 3-66 所示。

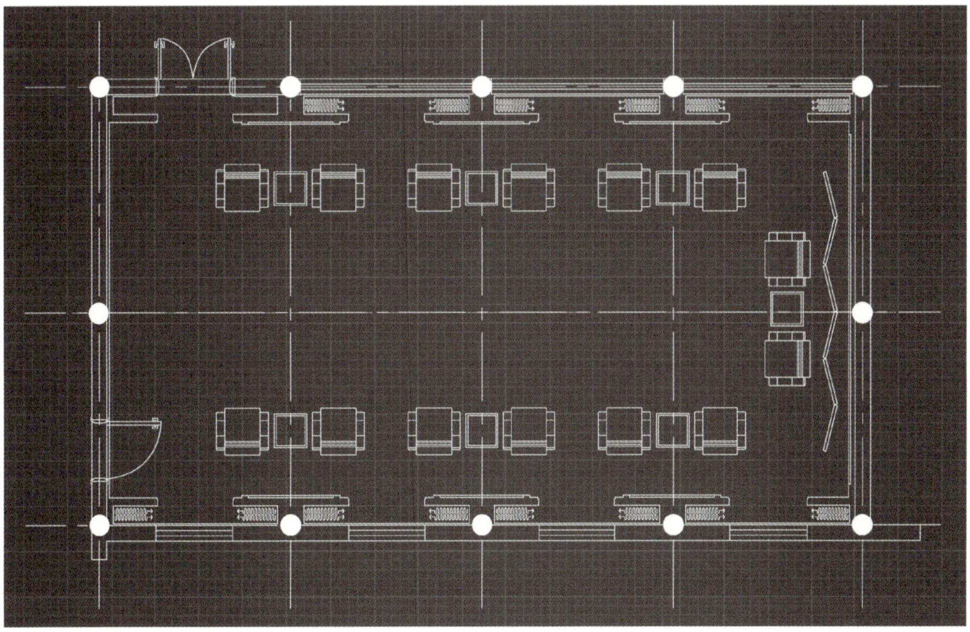

图 3-66　绘制完成的平面布置图

任务四　绘制地面铺装图

本任务主要介绍图 3-67 所示的地面铺装图的绘制方法和过程。

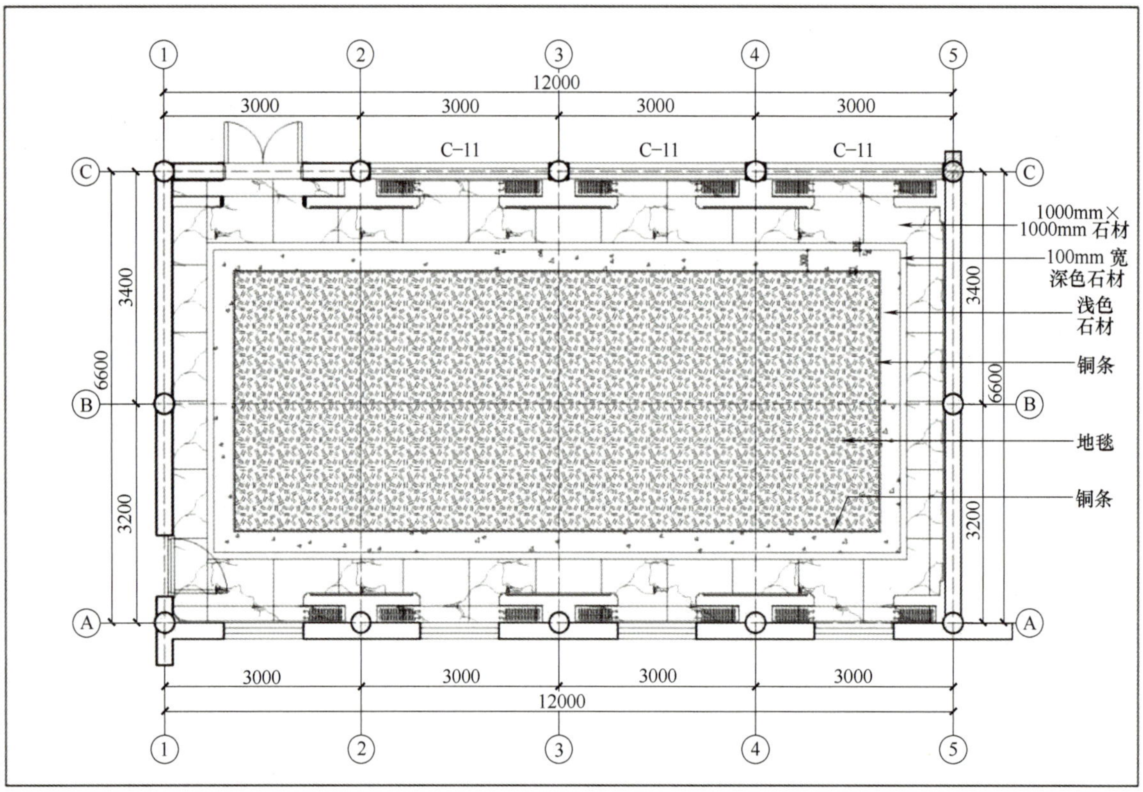

图 3-67　地面铺装图

绘制地面布置造型的步骤如下：

① 新建“地面”图层，颜色设置为 251 号，将其置为当前图层。

② 观察图 3-67 所示的地面铺装图，采用米黄色铺砖、波打边、铜条收边。注意，由于中间有地毯，为防止石材地砖损坏，地毯与石材交界处必须做铜条收边，也可采用不锈钢条收边。

③ 进入模型空间，在图 3-66 所示平面布置图的基础上进行地面铺装图绘制。

④ 如图 3-68 所示，使用快捷命令“REC”框选除窗帘盒外的区域作为绘制地面区域，并将该矩形（箭头所指矩形）改为其他颜色，注意避开窗帘盒部分。

一、绘制最外圈波打边

选中上述操作中绘制的矩形并将其向内偏移 500mm，删除原矩形；选中偏移后的矩形，再次将其向内偏移 100mm，然后使用快捷命令“B”进行块定义，备注为波打边，如图 3-69 所示。添加拾取点，进入参照编辑，参照家具布局绘制地面。注意，应确保波打边恰好圈住家具，以达到美观且合理的效果。

二、绘制铜条

如图 3-70 所示，选中最内侧矩形（箭头所指矩形）并分别将其向内偏移 300mm 和 320mm，将偏移后的两个矩形的颜色改为黄色。

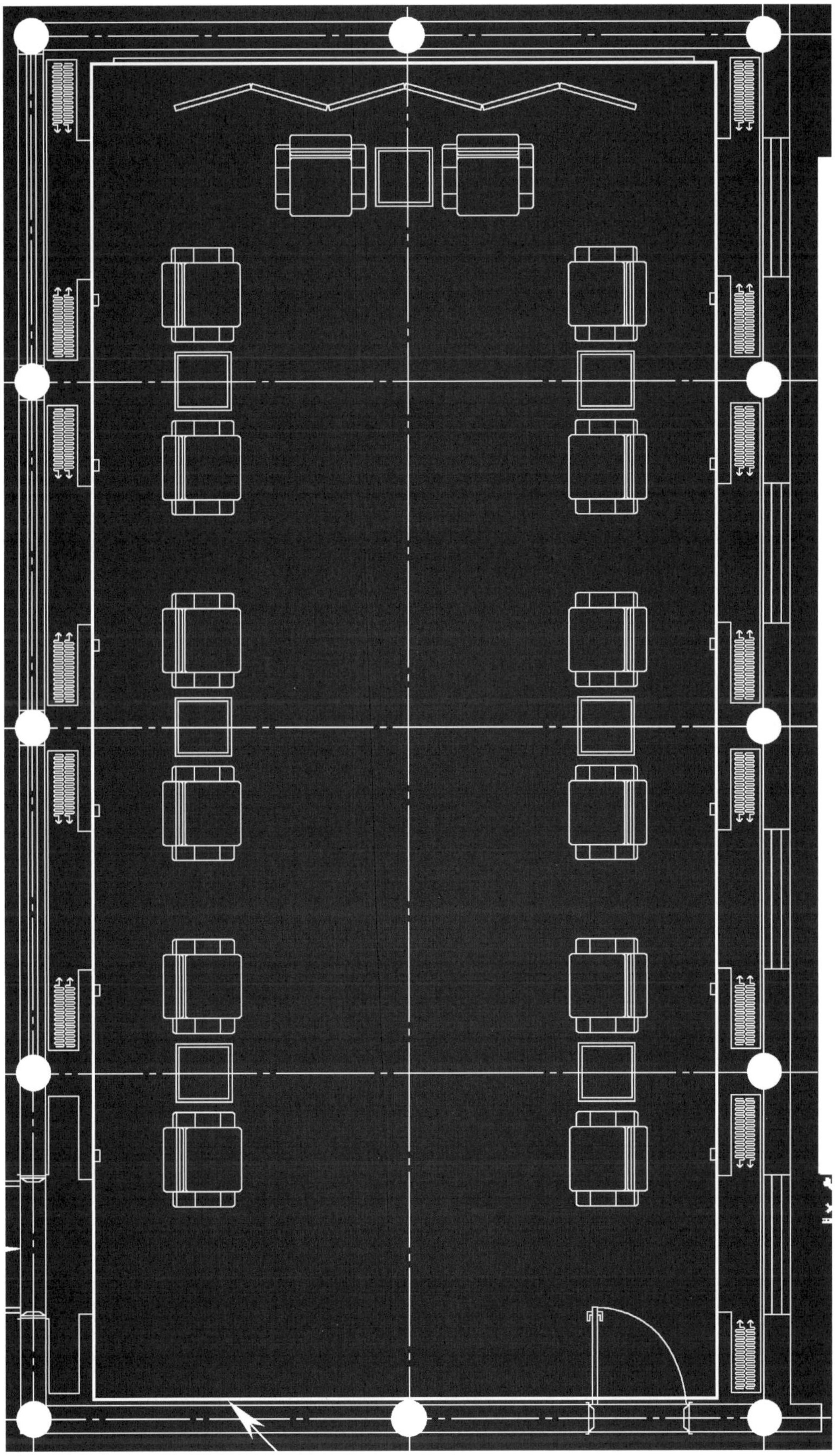

图 3-68 地面铺装绘制区域

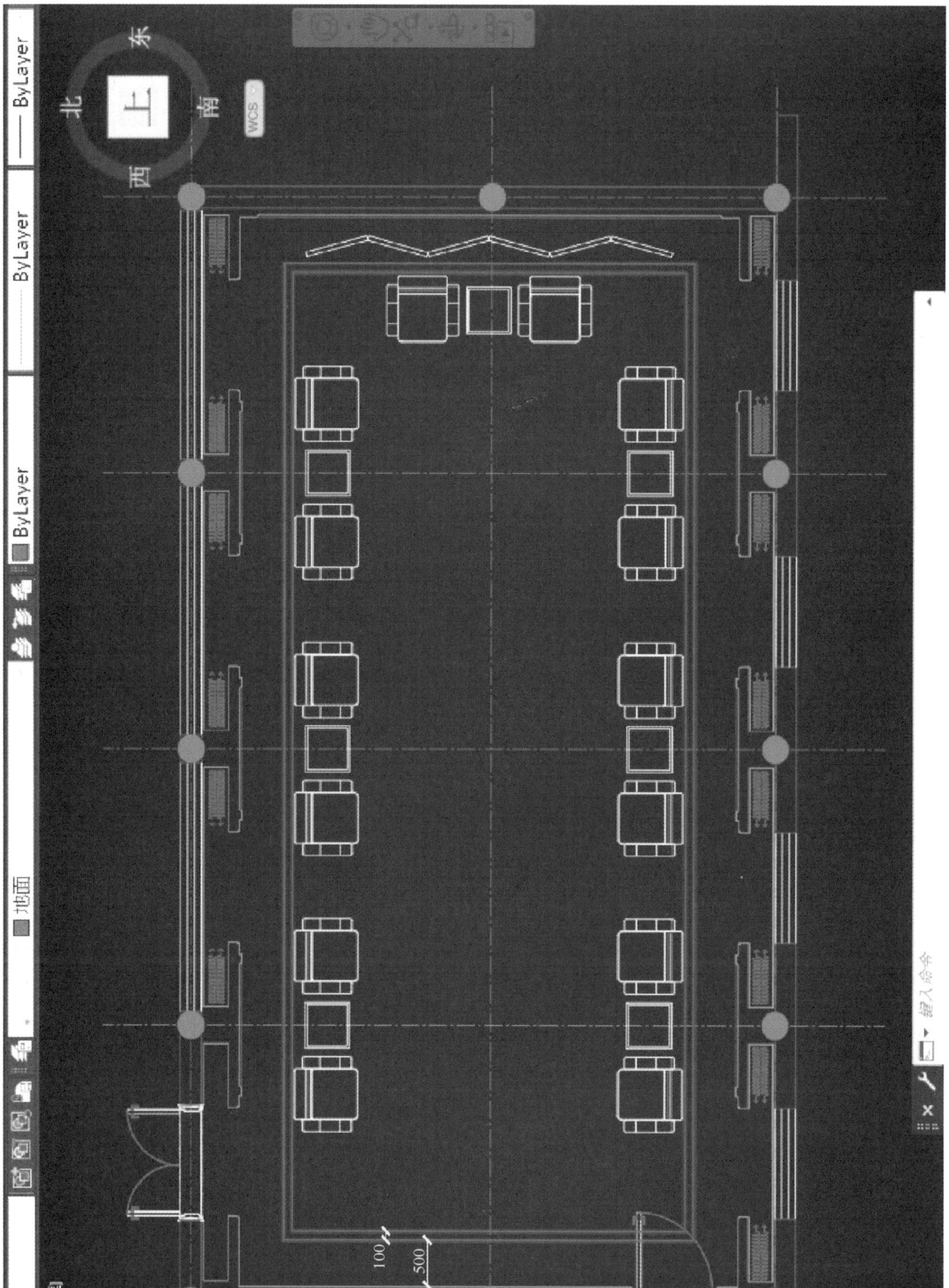

图 3-69　波打边绘制

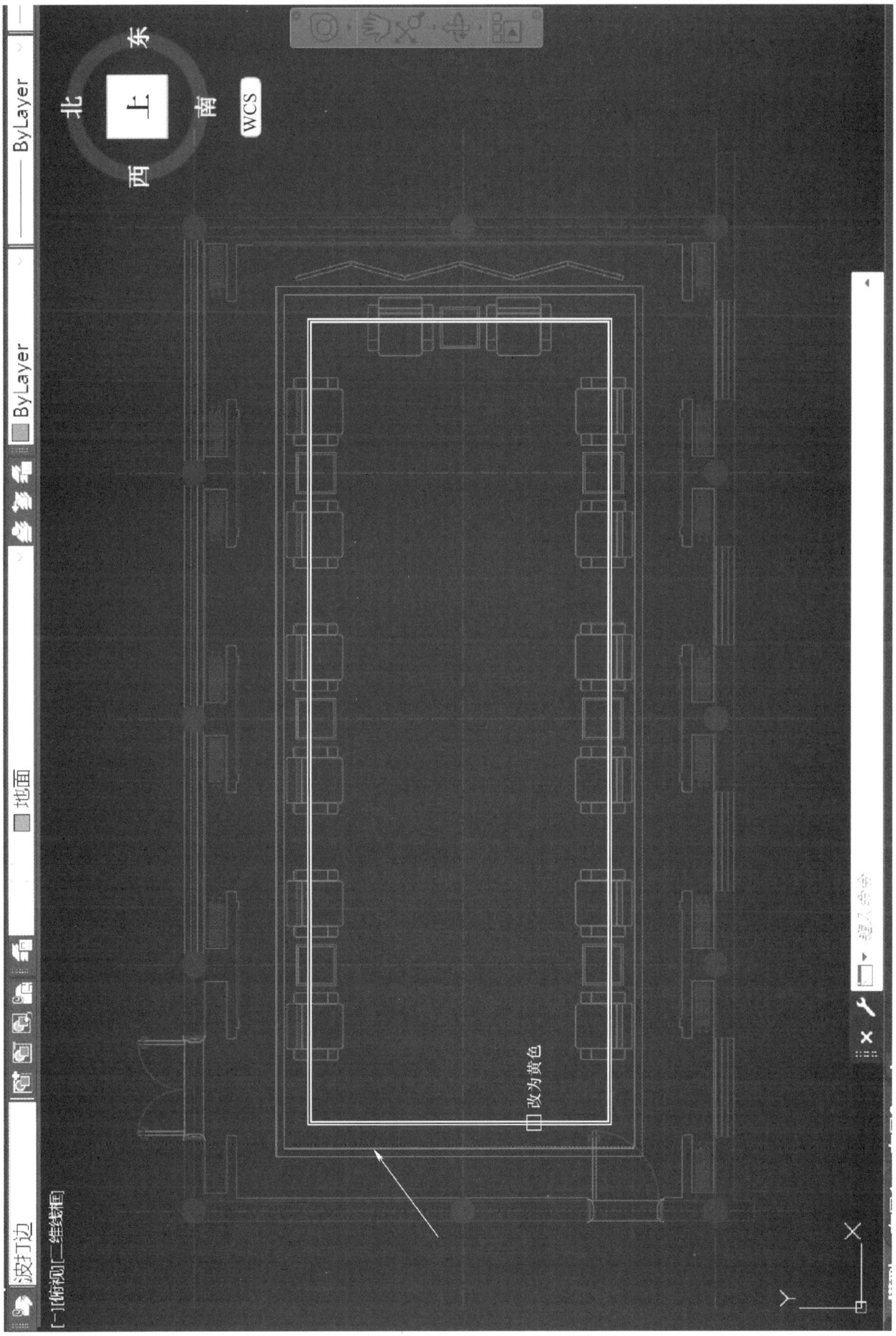

图 3-70 铜条绘制

三、绘制地毯

绘制地毯的步骤如下：

① 如图 3-71 所示，最内圈区域即为地毯，将其选中并使用快捷命令“CO”进行复制，复制后将其拉出并放置于原图右侧。

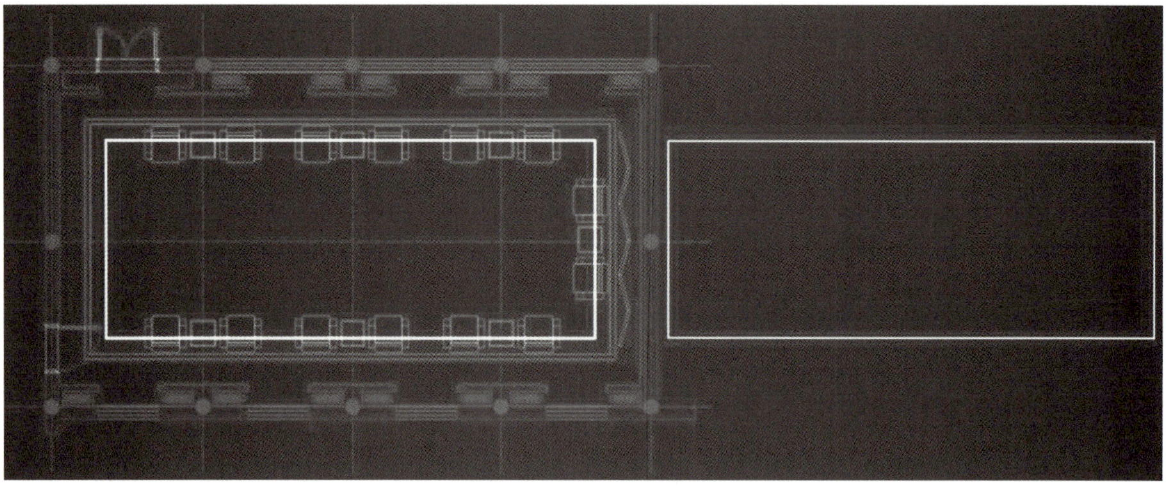

图 3-71　复制地毯区域

② 如图 3-72 所示，对上述步骤中复制的地毯区域进行图案填充操作。在“填充图案”选项卡中，将“其他预定义”设置为“CROSS”；在“图案填充和渐变色”选项卡中，将“图案”设置为“CROSS”，将“颜色”设置为“251”，将“比例”设置为“11”，然后单击“边界”选项组中的“添加：拾取点”，拾取地毯区域内部任一点后单击“预览”按钮预览填充效果，确认无误后单击“确定”按钮完成图案填充。注意，此处单独对复制并拉出的地毯区域进行填充，能够便于 AutoCAD 软件进行整体识别与填充处理，特别是在图纸中家具图形较多时，能够有效避免填充时系统的卡顿或崩溃问题。填充后的地毯区域如图 3-73 右侧矩形框内所示。

③ 使用快捷命令“M”将填充后的图案点对点移动至原位，如图 3-74 所示。绘制完成的地面铺装图如图 3-75 所示。

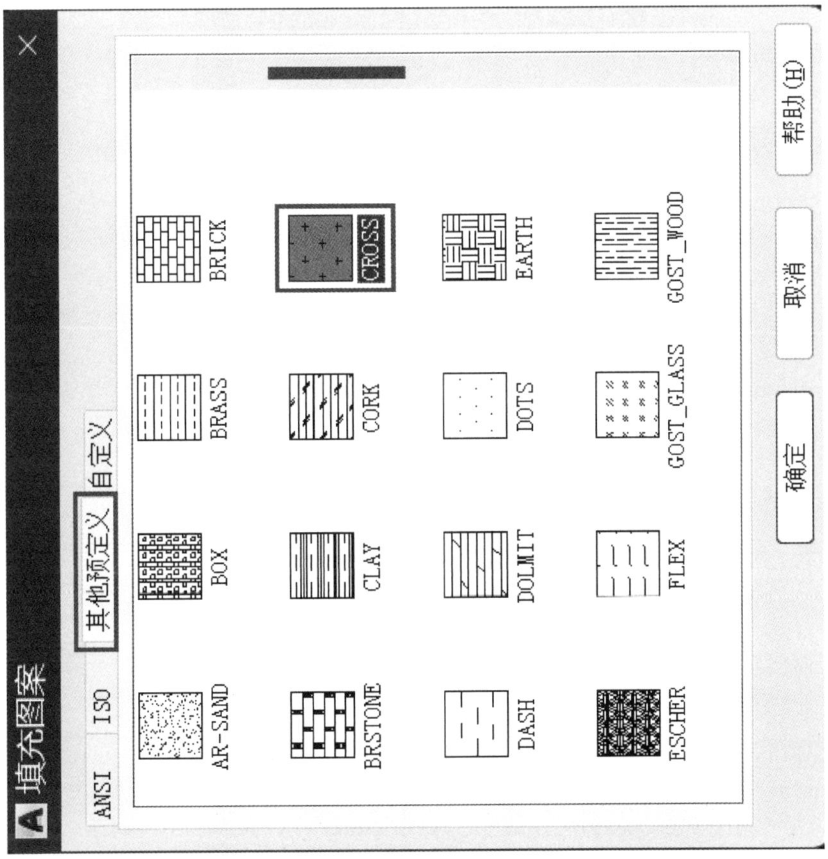

(a)"填充图案"设置

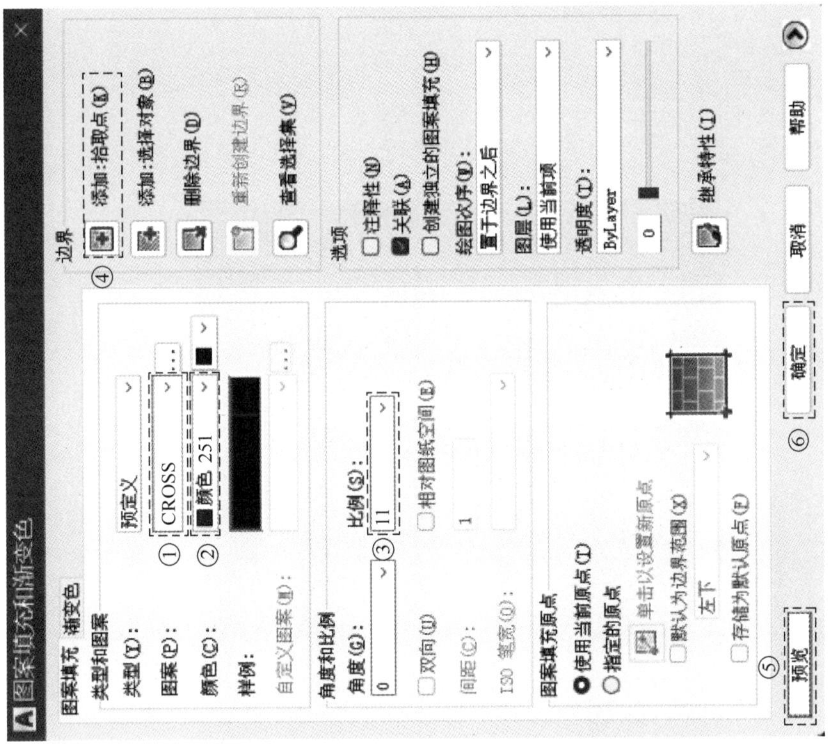

(b)"图案填充和渐变色"设置

图3-72 填充设置

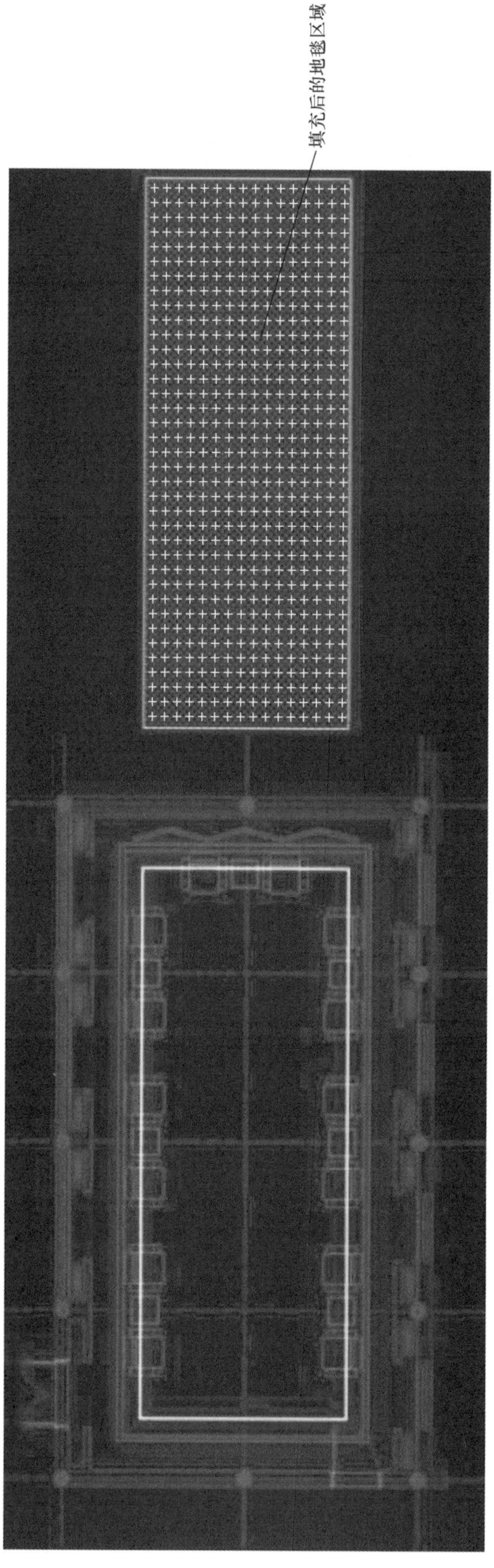

图 3-73　填充后的地毯区域

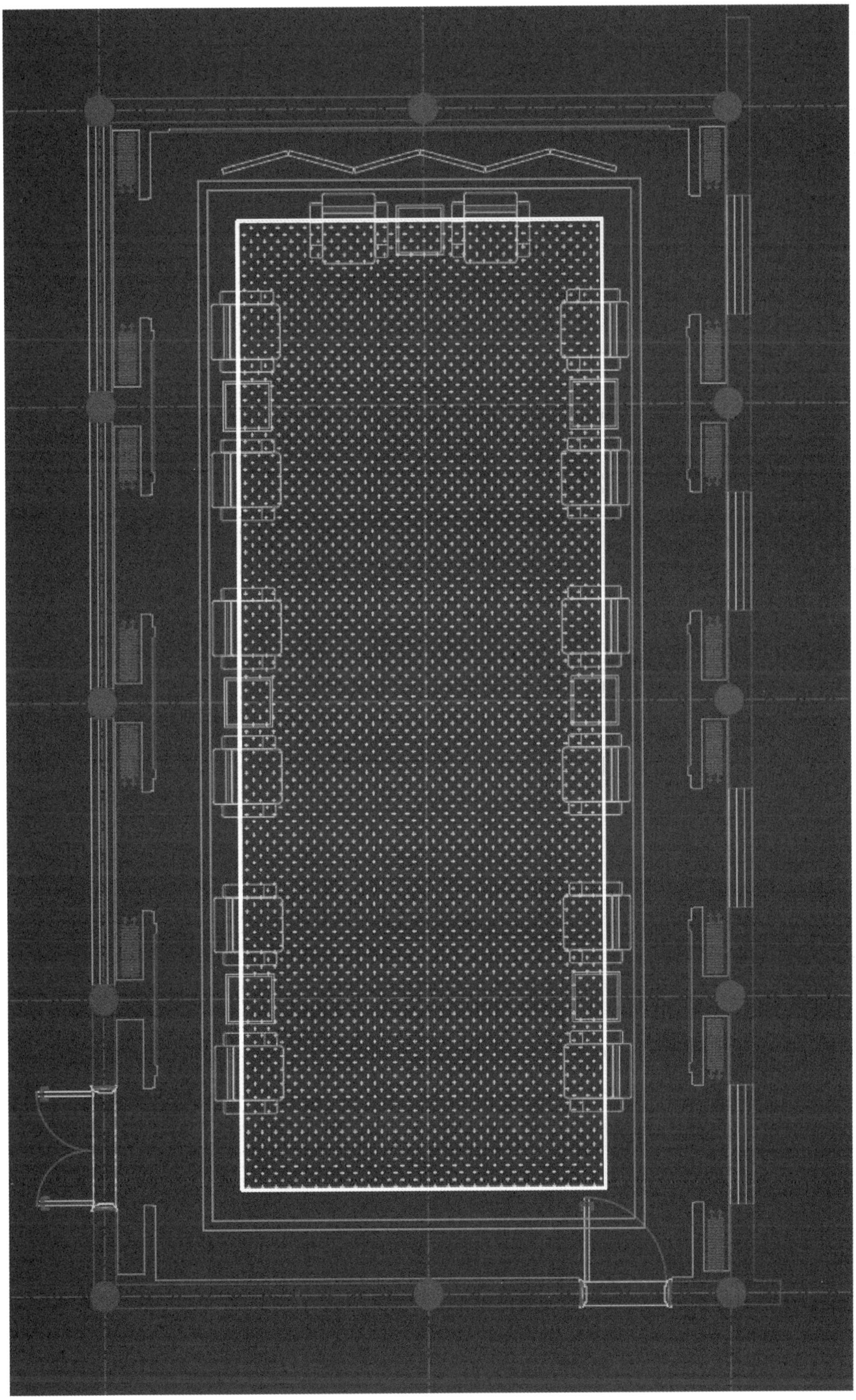

图 3-74　将填充后的图案移动至原位

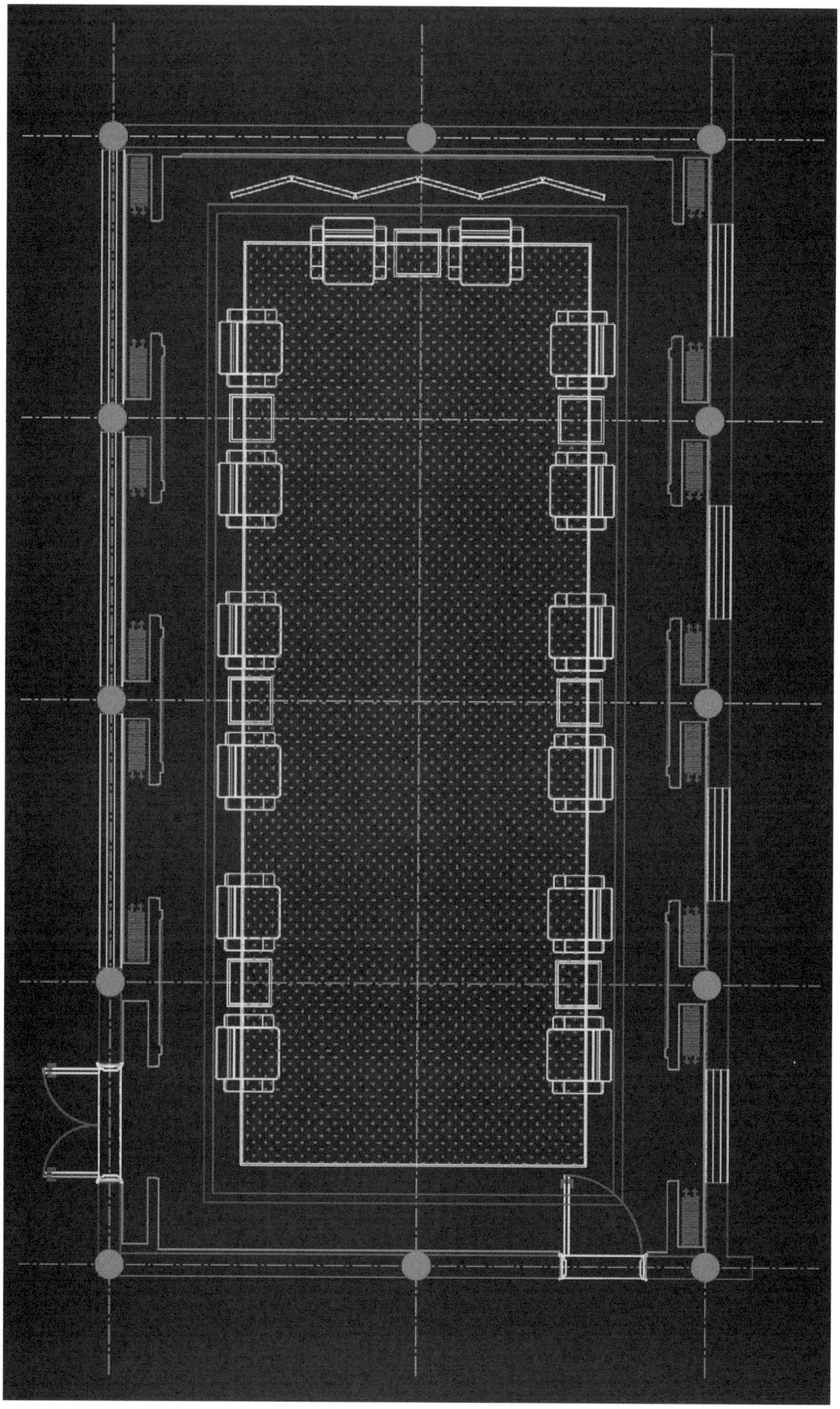

图 3-75　绘制完成的地面铺装图

任务五　绘制顶面天花图

本任务主要介绍图 3-76 所示的顶面天花图的绘制方法和过程。绘制顶面天花图时，切换到布局空间以便于绘制。

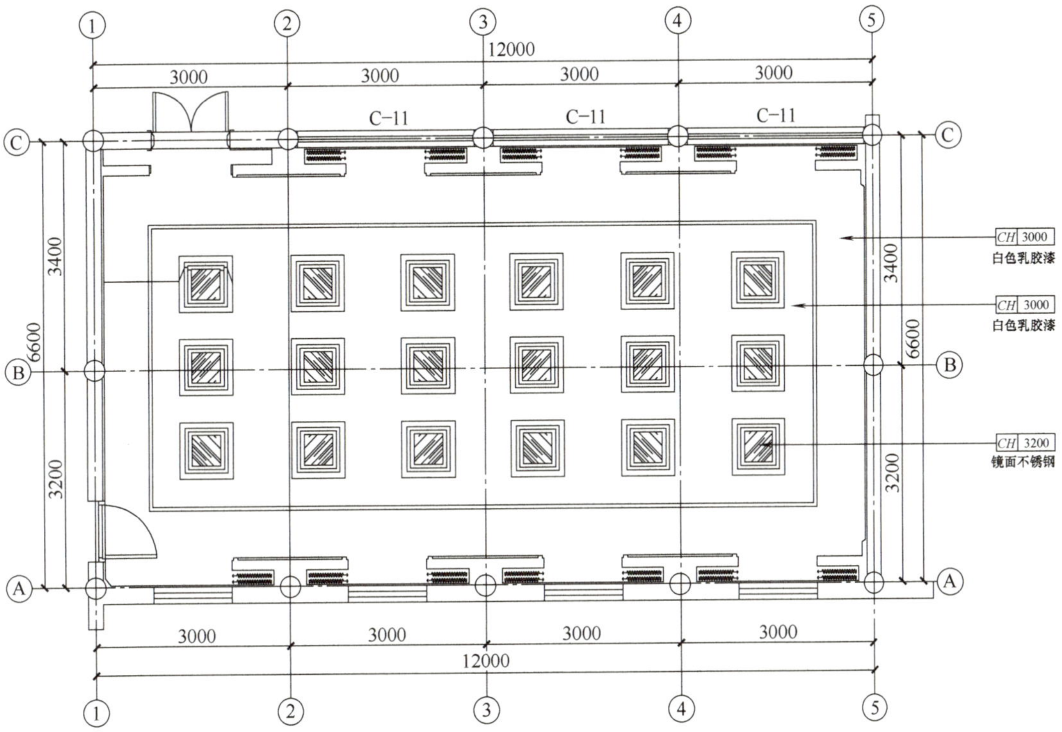

图 3-76　顶面天花图

在布局空间布置平面图，具体步骤如下：

① 双击进入第一个图框（平面布置图图框），选中需要关闭的图形（图层样式管理器会自动识别出此图形所在图层），然后单击图层样式管理器中的小灯泡按钮，关闭该图层。

② 返回布局空间，如图 3-77 所示。若发现轴线线型比例不当，须及时修改。

③ 在布局空间单击一根轴线进入参照编辑 。再次单击任意一根轴线，使用快捷键“Ctrl+1”调出“特性”对话框，修改“线型比例”为“0.5”。完成上述操作后，使用快捷命令“MA”，将此轴线特性赋予其他轴线，最后保存并退出参照编辑。调整线型比例后的布局空间如图 3-78 所示。

后续绘制可参考项目二自行操作，此处不再赘述。

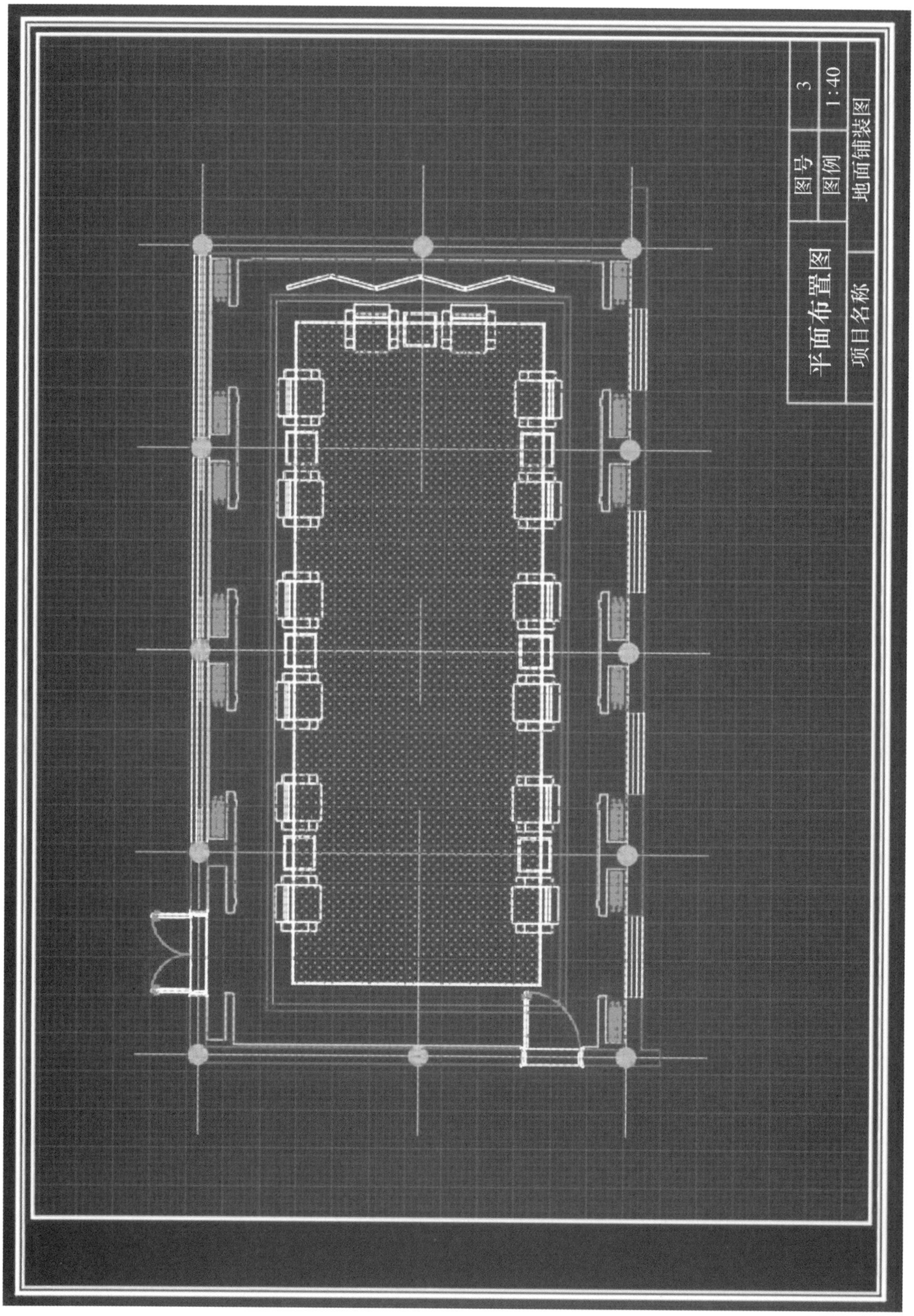

图 3-77 返回布局空间

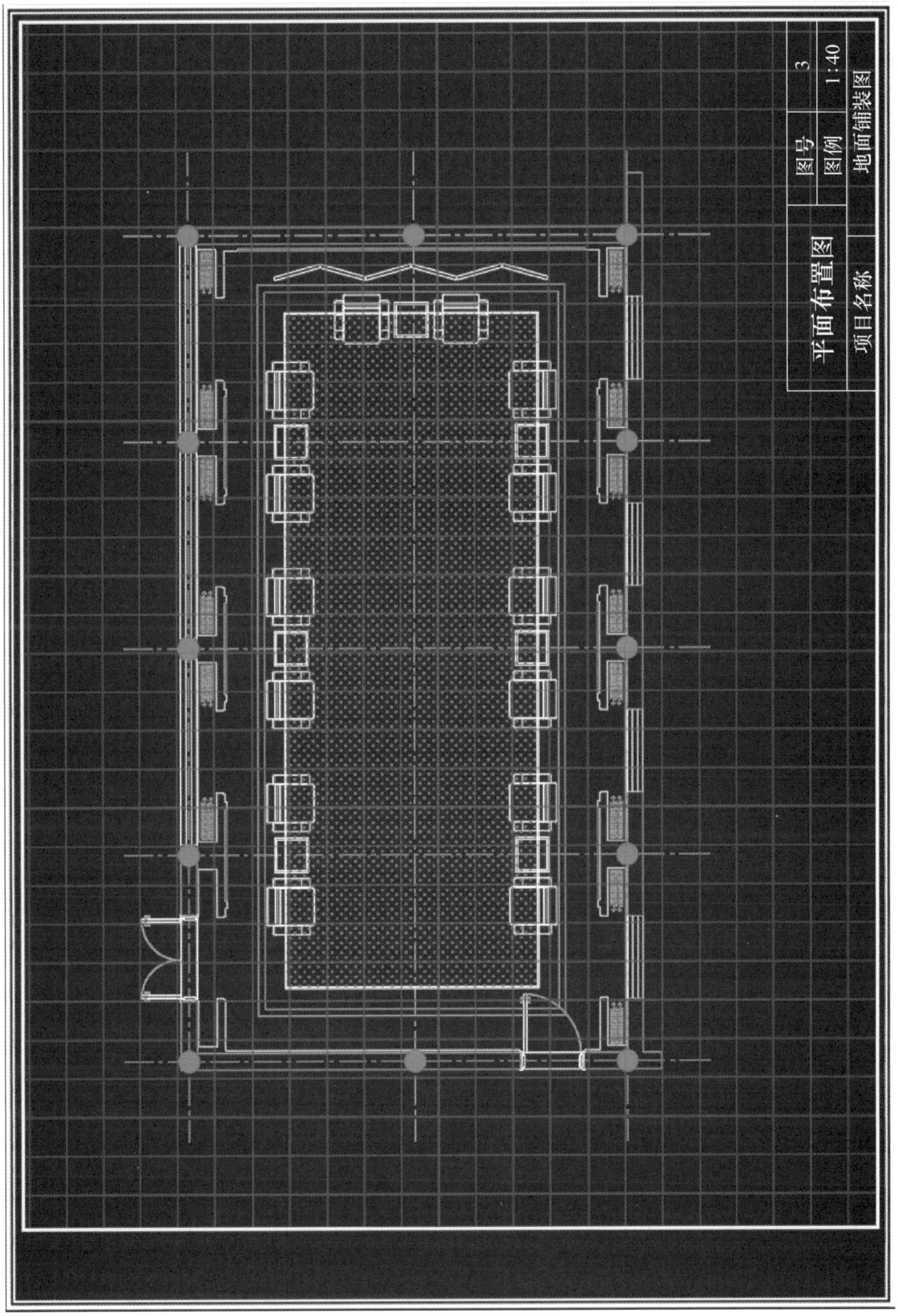

图 3-78 调整线型比例后的布局空间

参考文献

[1] 程光远 . AutoCAD 绘图要义［M］. 北京：电子工业出版社，2012.

[2] 范梅梅 . AutoCAD 基础与应用［M］. 北京：高等教育出版社，2009.

[3] 王彩英，班淑珍 . 机械制图与 AutoCAD［M］. 北京：机械工业出版社，2020.

[4] 李会文，程时甘 . AutoCAD 2011 应用教程［M］. 北京：机械工业出版社，2012.

[5] 李伟，余洪 . AutoCAD 2010 从入门到精通［M］. 北京：清华大学出版社，2010.

[6] 姚辉学，鲁金忠，潘金彪 . AutoCAD 2008 中文版基础教程［M］. 北京：化学工业出版社，2008.

[7] 马义荣 . 工程制图及 CAD［M］. 北京：机械工业出版社，2005.

[8] 唐建成 . 机械制图及 CAD 基础［M］. 3 版 . 北京：北京理工大学出版社，2022.

[9] 张晖，侯海晶 . 化工制图与 CAD［M］. 3 版 . 大连：大连理工大学出版社，2023.

[10] 张瑞琳，冯杰 . 化工制图与 AutoCAD 绘图实例［M］. 北京：中国石化出版社，2013.

[11] 陈峥，张卫利，王杰 . AutoCAD 2014 中文版教程［M］. 南京：东南大学出版社，2016.